高职高专计算机类专业系列教材

U0159846

HTML5+CSS3
网页设计与制作

主　编　吕麦丝

副主编　陈根金　朱　渔　黎苗苗

参　编　易开宇　李纪杨　陈艳琼

　　　　严　坤　罗　珊　张亦可

西安电子科技大学出版社

内 容 简 介

本书以案例的方式讲述了用 HTML5+CSS3 设计构建网站的相关知识，搭配视频课程资源，为读者提供全方位的学习辅助。本书内容涵盖网页设计基础、HTML 基础、CSS 基础、设计文本样式、设计图像样式、设计表单样式、设计超链接样式、设计表格样式、设计列表样式、网页布局、CSS 中的动画与特效等，最后结合所讲述的内容给出了一个网站页面综合设计实训，进一步夯实读者所学知识。

本书语言朴实，结构清晰，基础知识与实战案例紧密结合，配套的视频课程既包括对应章节的知识点讲解，也包括所讲案例的全部操作步骤，可作为 HTML5+CSS3 初学者的入门教材，也适合所有对网页设计感兴趣的读者阅读。

图书在版编目 (CIP) 数据

HTML5+CSS3 网页设计与制作 / 吕麦丝主编 . —西安：西安电子科技大学出版社，2022.9
ISBN 978 - 7 - 5606 - 6611 - 2

Ⅰ. ①H⋯　Ⅱ. ①吕⋯　Ⅲ. ①超文本标记语言—程序设计②网页制作工具
Ⅳ. ①TP312.8 ②TP393.092.2

中国版本图书馆 CIP 数据核字 (2022) 第 154049 号

策　　划　李鹏飞　李　伟
责任编辑　李鹏飞
出版发行　西安电子科技大学出版社 (西安市太白南路 2 号)
电　　话　(029)88202421　88201467　　　　邮　　编　710071
网　　址　www.xduph.com　　　　　　　电子邮箱　xdupfxb001@163.com
经　　销　新华书店
印刷单位　陕西天意印务有限责任公司
版　　次　2022 年 9 月第 1 版　　2022 年 9 月第 1 次印刷
开　　本　787 毫米 ×1092 毫米　　1/16　印张　16
字　　数　380 千字
印　　数　1～3000 册
定　　价　52.00 元

ISBN 978 - 7 - 5606 - 6611 - 2 / TP

XDUP 6913001 - 1

*** 如有印装问题可调换 ***

前言 / Preface

　　随着网络信息的飞速发展，网络传媒已经在人们的生活中占据了重要位置，而网站就是传媒的一种方式，它可以将丰富多彩的文本、图像、动画等结合起来，随时随地供用户浏览。因而网页设计及网站建设成了新媒体的宠儿。HTML 与CSS 是网页制作技术的核心和基础，也是每个网页制作者必须掌握的基本知识。本书着眼于读者的角度，辅以实用的案例、通俗易懂的语言，详细介绍了使用HTML 与 CSS 进行静态网页设计与制作的各方面内容和技巧。

　　本书依据软件技术专业人才培养方案及计算机软件行业技术技能专业标准体系，将网页相关的知识点划分为 12 个章节，每个章节配有针对性的设计案例，各案例都有配套视频资源，用于对案例进行讲解和设计剖析，以期帮助读者快速掌握网页设计的相关内容。读者可扫描书中二维码进入视频学习。

　　全书共分为 12 章。

　　第 1 章主要介绍网页设计的基本知识和常用的网页开发工具。通过本章的学习，读者能够简单地认识网页，了解网页开发工具，并选择适合自己的设计工具。

　　第 2 ～ 5 章为 HTML 入门与 CSS 入门，介绍了 HTML 与 CSS 的基本语法，常用的 HTML 文档标签、图像标签，以及使用 CSS 控制网页中的字体和文本外观样式的方法。

　　第 6 ～ 10 章是学习网页制作的核心内容，主要介绍了表单、超链接、表格、列表、盒子模型、元素的浮动与定位等常用的网页元素及布局方式。

　　第 11 章介绍了网页中的一些动画设计内容，即静态网页可以通过 CSS 中的变形、过渡与动画实现简单的动态效果。

　　第 12 章为实战开发，结合前面学习的基础知识，让读者通过一个真实网站页面的开发来掌握实际的网页设计方法。

　　本书的编写和整理工作由宜春职业技术学院"HTML 网页设计"课程组完成，主要参与人员有吕麦丝、陈根金、朱渔、黎苗苗、易开宇、李纪杨、陈艳琼、严坤、罗珊、张亦可等。

　　由于编者水平有限，疏漏之处在所难免，恳请专家、教师及读者多提宝贵意见，以便今后修订。

编　者

2022 年 5 月

第1章　网页设计基础

随着互联网技术的不断发展与普及，浏览网页已经成为人们生活和工作中不可或缺的一部分。网页页面也随着技术的发展越来越丰富、越来越美观。设计精美的网页效果，需要掌握一定的技术，了解相关的知识，了解网页设计的基本流程，熟悉网页开发工具。本章将介绍相关技术和概念，并介绍网页开发工具。

 本章要点

◎ 了解网页设计的基本流程；
◎ 了解网页的主要组成部分；
◎ 熟悉网页开发工具。

 1.1　网页设计概念

网页设计概念

在互联网盛行的现代，网页成了信息展示的一种流行方式，它的设计理念和功能随着时代的发展不断变化。网页设计 (Web Design) 是根据企业希望向浏览者传递的信息 (包括产品、服务、理念、文化) 进行网站功能策划，然后进行页面设计美化工作的。作为企业对外宣传的窗口之一，精美的网页设计对于提升企业的互联网品牌形象至关重要。

网页设计一般分为三大类：功能型网页设计 (服务网站和 B/S 软件用户端)、形象型网页设计 (品牌形象站)、信息型网页设计 (门户站)。设计网页的目的不同，网页策划与设计方案就不同。

1.1.1　网页设计的基本流程

设计一个精美、实用的网页是所有网页设计初学者的梦想。制作网页并不困难，但要制作出精彩的网页，尤其是当网页比较复杂时，就必须全面考虑各种因素，包括文字、图像、动画、声音等。网页制作直接关系网站的效果。通常网页的制作包括分析、设计、制作、测试和发布五个环节。

一、分析

分析主要是指认识网页将要服务的目标群体的特征、可能的需求，以此确定网页信息内容及其功能设计。

二、设计

设计是网页设计与制作的关键环节，关系用户对网页的接受和利用程度，主要内容包括收集网页中需用到的素材，确定网页的内容结构、链接方式(通常选用层次清晰、易于浏览的树形结构)和网页模型的可视化设计三个内容。

三、制作

在设计完成后，只要选择一种自己熟悉的网页制作工具，就可以制作网页了。实际上，制作网页就是将收集和加工后的素材添加到事先规划设计好的网页中去，或者说制作网页就是将文字、图片、动画、声音、视频、程序等素材按照设计的要求合成起来。

四、测试

制作完网页之后，应该对网页做全面的检测，包括检查网页内容的科学性、版面编排的合理性、超链接的正确性以及对网页内容做适当的增减等。一个有错误内容的网页是浏览者所不能容忍的，一个编排布局混乱的网页不会引起浏览者多大的兴趣，一个有超链接错误的网页则会给浏览者带来很多麻烦。

五、发布

制作网页的目的是要将网页发布到网上，让更多的浏览者来访问发布的站点，因此发布网页这一环节必不可少，否则就失去了制作网页的意义。

1.1.2 网页的主要组成部分

一、层次结构

根据万维网联盟 W3C(World Wide Web Consortium) 标准，一个网页主要由三个部分组成：结构、表现和行为。

结构：用于描述页面的结构。

表现：用于控制页面中元素的样式。

行为：用于响应用户操作。

HTML(Hyper Text Markup Language，超文本标记语言) 是一种用于创建网页的标准标记语言。HTML 负责网页三个组成部分中的结构，它使用标签来标识网页中的不同组成部分。所谓超文本，指的就是超链接，使用超链接可以让我们从一个页面跳转到另一个页面。

CSS(Cascading Style Sheets，层叠样式表) 定义如何显示 HTML 元素，用于控制 Web 页面的外观。也就是说，CSS 负责网页三个组成部分中的表现。样式通常保存在外部的 .css 文件中，所以我们只需要编辑一个简单的 .css 文件就可以改变所有页面的布局和外观。

JavaScript(简称 JS) 是脚本语言，是一种轻量级的编程语言，用于控制网页的行为，即 JavaScript 负责网页三个组成部分中的行为。JavaScript 代码可插入 HTML 页面的编程代码中，JavaScript 代码插入 HTML 页面后，可由浏览器执行。

二、布局结构

一个网页按布局结构组成来说，通常由页头、正文、页尾组成。网页的页面布局实例如图 1-1-1 所示。

图 1-1-1

三、内容元素

一个网页按内容元素组成来说，通常由文字、图像、动画、超链接、导航条、表格、表单等元素组成，如图 1-1-2 所示。有些元素可以被直观地看到，而有些元素则只有通过代码才能看到，具体将在下面进行说明。

图 1-1-2

1. 文本

文本是网页中叙述性的文字，是最理想的网页信息载体与交流工具。网页信息一般是以文本为主的，与图像网页元素相比，文字虽然不如图像那样容易被浏览者注意，但却能简明扼要地表达出主题。在网页中，用户可以根据需要通过字体、大小、颜色、底纹、边框等选项来设置文本的属性。

2. 图像

图像是指网页中插入的具有说明性的图片。图像拥有丰富的色彩和表现形式，能够表达更加丰富的内容和含义，并且具有文本无法达到的视觉效果。添加适量的图像可以使制作的网页图文并茂，具有更好的活力和表现力，但如果在网页中加入过多的图像，反而会影响网页的整体视觉效果，并会明显降低网页的下载速度。

在网页中常使用 JPG、GIF、BMP、PNG 等格式的图像文件，不同的图像文件有不同的用途。网页中包含的主要图像类型有：

Logo 图标：代表网站形象或栏目内容的标志性图片。

背景图：用来装饰和美化网页。

图标：主要用于导航，在网页中具有重要的作用，相当于路标。

Banner 广告：用于宣传站内活动等的广告。

3. 动画

网页中的动画能够活跃网页气氛，增加网页包含的信息量。网页动画包含很多类型，常用的如 GIF 动画、脚本动画等。

GIF 动画：实际也是图像，不过显示为动态效果，一般用来制作各种动态图标，对网页进行修饰。

脚本动画：一般为使用 JavaScript 语言编写的特效，如鼠标特效、栏目切换、变形动画、移动动画、渐隐渐显动画等。

4. 超链接

超链接是网站的灵魂，它是从一个网页指向另一个目的端的链接。超链接可以指向一幅图片、一个电子邮件地址、一个文件、一个程序、另一网页或者是相同网页中的其他位置。超链接的载体可以是文本、图片或者动画等。超链接广泛存在于网页的图片和文字中，提供与图片和文字内容相关的链接。在超链接上单击鼠标左键，即可链接到相应地址(URL) 的网页，可以说超链接是网页的最大特色。

5. 导航条

导航条是一组超链接，方便用户访问网站内部各个栏目。导航条可以是文字，也可以是图片，还可以是动画。导航条可以显示多级菜单和下拉菜单效果。

6. 表格

表格在网页中的作用非常大，它可以用来布局网页，设计各种精美的网页效果，也可以用来组织和显示数据。

7. 表单

表单主要用来收集用户信息，实现浏览器与服务器之间的信息交互。

8. 其他元素

除了上面的网页常用基本元素，在页面中可能还包括音频、视频、框架等各种构成元素。

1.2 网页开发工具简介

学习网页设计的第一件事就是要选择一款适合自己的网页制作软件。很早以前，网页制作工程师经常使用记事本来手工编写网站代码，而随着技术的发展，现在所使用的网页开发工具类别越来越多，如HBuilder X、Visual Studio Code、WebStorm、Dreamweaver 等，它们让网页制作变得越来越方便。下面介绍几款常用的网页开发工具。

网页开发工具简介

1.2.1 HBuilder X 开发工具

HBuilder X 简称为 HX，H 是 HTML 的首字母，Builder 是构造者，X 是 HBuilder 的下一代版本。HBuilder X 是 HBuilder 的升级版，它也是由 DCloud(数字天堂) 推出的为前端开发者服务的通用 IDE，或者称为编辑器。

一、下载和启动程序

具体步骤包括：

(1) 下载 HBuilder X 工具。

登录下载网址：https://www.dcloud.io/hbuilderx.html，如图 1-2-1 所示。

图 1-2-1

(2) 下载后将压缩包解压，找到 **HBuilderX.exe** 文件，双击即可启动程序，如图 1-2-2 所示。

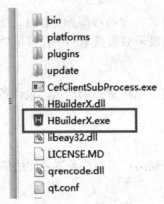

图 1-2-2

二、创建一个网页文件

具体步骤包括：

(1) 在菜单栏中选择"文件"→"新建"→"8.html 文件"命令，可以新建一个 HTML 文件，如图 1-2-3 和图 1-2-4 所示。

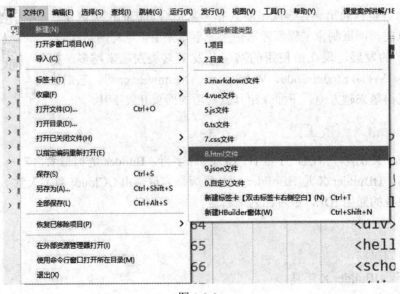

图 1-2-3

图 1-2-4

(2) 编辑网页，如图 1-2-5 所示。

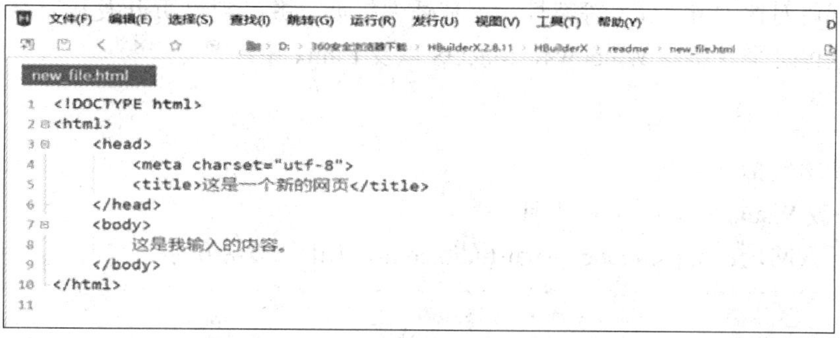

图 1-2-5

(3) 当编辑完成后，点击"保存"按钮，即可点击右侧的"预览"按钮查看效果 (若是第一次使用"预览"，则需选择内置浏览器插件进行安装)，如图 1-2-6 所示。

图 1-2-6

提示：输入关键字时，具有智能提示列表，可以加快输入速度，也可以用上下键移动到需要的条目再按下 Ctrl + 回车键进行选择，如图 1-2-7 所示。

图 1-2-7

1.2.2 Visual Studio Code 开发工具

Visual Studio Code (简称 VS Code 或 VSC) 是一款免费开源的现代化轻量级代码编辑器，支持几乎所有主流开发语言的语法高亮、智能代码补全、自定义热键、括号匹配、代码片段、代码对比 Diff、GIT 等特性，支持插件扩展，并针对网页开发和云端应用开发做了优化。软件跨平台支持 Windows、MacOS 以及 Linux 系统。

一、环境安装和配置

具体步骤包括：

(1) 下载 Visual Studio Code 工具。

登录下载网址：https://code.visualstudio.com/，如图 1-2-8 所示。

图 1-2-8

(2) 下载后双击安装文件，启动安装程序，如图 1-2-9 所示。

图 1-2-9

(3) 安装步骤如图 1-2-10 ～图 1-2-16 所示。

图 1-2-10

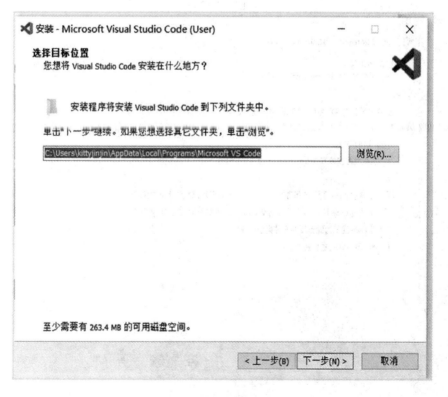

图 1-2-11

图 1-2-12

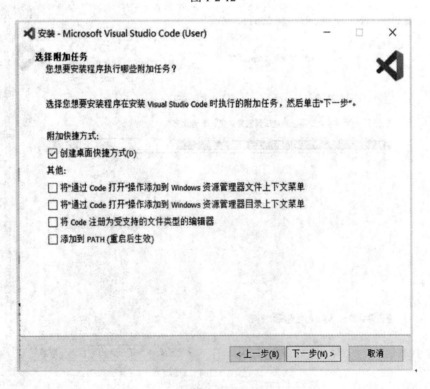

图 1-2-13

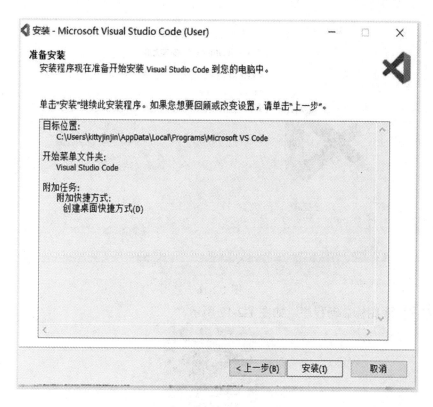

图 1-2-14

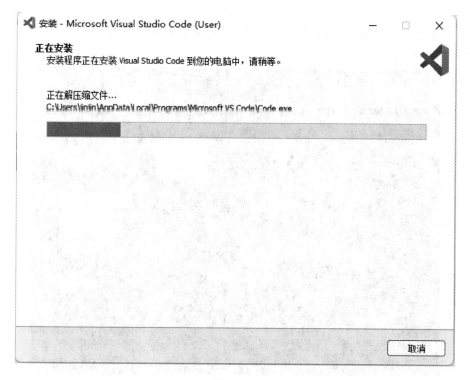

图 1-2-15

图 1-2-16

(4) 双击桌面图标启动程序，如图 1-2-17 所示。

图 1-2-17

(5) 打开 VS Code 软件，可以看到刚刚安装的 VS Code 软件默认使用的是英文语言环境，如图 1-2-18 所示。

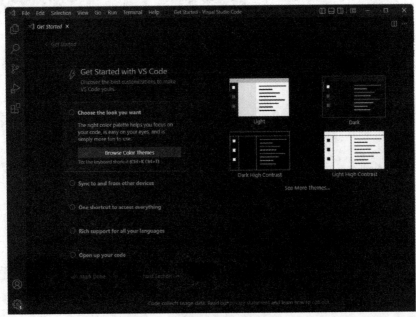

图 1-2-18

(6) 使用快捷键 Ctrl+Shift+P，在弹出的搜索框中输入"configure language"，然后选择搜索出来的"Configure Display Language"，如图 1-2-19 所示。

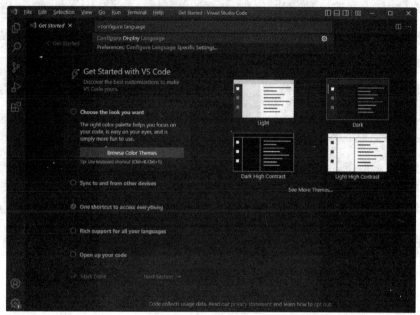

图 1-2-19

(7) 选择中文简体安装，如图 1-2-20 所示。

图 1-2-20

(8) 安装后单击"Restart"按钮，如图 1-2-21 所示。

图 1-2-21

这时，界面变成了中文字体，如图 1-2-22 所示。

图 1-2-22

二、创建一个网页文件

具体步骤包括：

(1) 在计算机某个目录下面创建一个文件夹，例如：VS CODE XM。

(2) 在"文件"菜单下找到"打开文件夹"命令，然后选择第 (1) 步创建的文件夹，如图 1-2-23 所示。

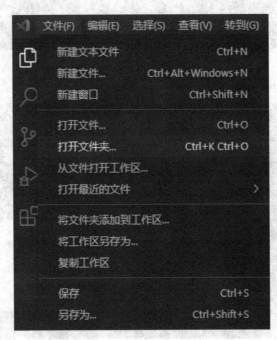

图 1-2-23

(3) 在"资源管理器"面板上可以看到创建的文件夹 (相当于一个项目)，并且项目名右侧的按钮区从左数第一个按钮为新建文件按钮、第二个按钮为新建文件夹按钮，如图1-2-24 所示。

图 1-2-24

(4) 点击新建文件按钮，创建一个 "hello.html" 文件，如图 1-2-25 所示。

图 1-2-25

(5) 编辑上一步创建的文件，如图 1-2-26 所示。

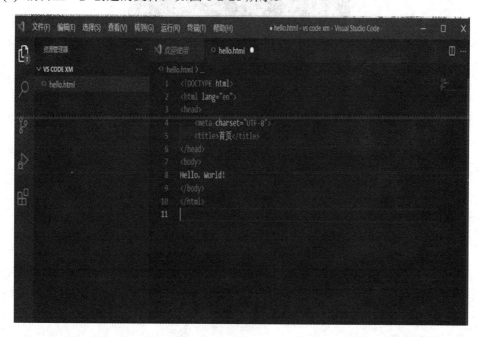

图 1-2-26

(6) 编辑好之后，使用快捷键 Ctrl+Shift+X 进入 "扩展商店"，搜索并安装两个插件 "Open In Browser" 和 "View In Browser"，如图 1-2-27 所示。

图 1-2-27

(7) 找到想要运行的 HTML 文件，右击选择"Open In Default Browser"即可，如图 1-2-28 所示。

图 1-2-28

第2章　HTML 基 础

上一章介绍了什么是网页以及网页设计的基本流程，这一章将详细介绍如何使用 HTML 语言创建一个简单网页，以及 HTML 文档的基本结构。

本章要点

◎ 认识 HTML，了解 HTML 发展的历史；
◎ 掌握 HTML 文档的基本结构；
◎ 掌握文本标题、段落、换行等其他标记的使用；
◎ 掌握简单网页的设计与应用。

 2.1　HTML概念

2.1.1　HTML 简介

一、HTML 的定义

HTML 是 Hyper Text Markup Language 的英文缩写，即超文本标记语言，它是用来描述网页的一种语言。HTML 不是一种编程语言，而是一种标记语言。标记语言是一套标记标签。由于使用标记标签构成 HTML 文档，并用来描述网页，所以 HTML 文档也被称为网页。

所谓超文本，有两层含义：

(1) 超越文本限制。网页中可以加入图片、声音、动画、多媒体等内容。

(2) 超级链接文本。网页中的文件可以跳转到另一个文件，甚至可以与世界各地主机上的文件相链接。

二、常用的浏览器

HTML 文档能独立于各种操作系统平台，访问它只需要一个 Web 浏览器。Web 浏览器的作用是读取 HTML 文档，并以网页的形式显示出它们。浏览器不会显示 HTML 标签，而是使用标签来解释页面的内容。因此，我们所看到的网页，是浏览器对 HTML 文档进行解释的结果。同样，我们也可以通过浏览器直接查看一个网页的 HTML 源代码，即在浏览器菜单栏上选择"查看源文件"便可查看。

常用的浏览器有 IE(新版本的 Windows 操作系统改为 Edge)、火狐 (Firefox)、谷歌 (Chrome)、Safari 和 Opera，通常称其为五大浏览器。浏览器图标如图 2-1-1 所示。

| IE浏览器 | 火狐浏览器 | 谷歌浏览器 |
| Edge浏览器 | Safari浏览器 | Opera浏览器 |

图 2-1-1

2.1.2 HTML 发展历史

HTML1.0 于 1993 年由互联网工程工作小组 (IETF) 工作草案发布 (并非标准)。众多不同版本 HTML 陆续在全球使用，但是始终未能形成一个广泛的有相同标准的版本。

HTML2.0 相比初版而言，标记得到了极大的丰富。

HTML3.2 是 1996 年提出的规范，注重兼容性的提高，并对之前的版本进行了改进。

1997 年 12 月推出的 HTML4.0 将 HTML 推向了一个新高度。该版本倡导将文档结构和样式分离，并实现了表格更灵活的控制。

1999 年提出的 HTML4.01 版本是在 HTML4.0 基础上的微小改进。

20 世纪 90 年代是 HTML 发展速度最快的时期，但是自 1999 年发布的 HTML4.01 后，业界普遍认为 HTM 已经步入瓶颈期，W3C 组织开始对 Web 标准的焦点转向 XHTMI 上。

XHTMI1.0 于 2000 年由 W3C 组织提出。XHTMI 是一个过渡技术，结合了部分可扩展标记语言 (EXtensible Markup Language，XML) 的强大功能及大多数 HTML 的简单特性。

XHTML1.1 是模块化的 XHTMI，是货真价实的 XML。

XHTML2.0 是完全模块化可定制的 XHTMI。随着 HTML5 的兴起，XHTML2.0 工作小组被要求停止工作。

2004 年，一些浏览器厂商联合成立了 WHATWG 工作组，致力于 Web 表单和应用程序。此时的 W3C 组织专注于 XHTML2.0。2006 年，W3C 组织组建了新的 HTML 工作组，采纳了 WHATWG 的意见，并于 2008 年发布了 HTML5。

由于 HTML5 能解决实际问题，因此在规范还未定稿的情况下，各大浏览器厂家已经开始对旗下的产品进行升级，以支持 HTML5 的新功能。HTML5 得益于浏览器的实验性反馈而得到持续的完善，并以这种方式迅速融入对 Web 平台的实质性改进中。2014 年 10 月，W3C 组织宣布历经 8 年努力，HTML5 标准规范终于定稿，这一系列标准的集合就称为 Web 标准。

2.2 HTML文档基本结构

一个完整的 HTML 文档包含头部和主体两个部分的内容。在头部内容里可以定义标题、样式等，文档的主体内容就是要显示的信息。

HTML 文档基本结构

一、案例导入

设计 ""Hello HTML" 页面"，效果如图 2-2-1 所示。

图 2-2-1

礼貌是中国的优良传统礼仪。在中国，见面问好是一种表示友好的礼仪，因此我们在学习网页设计的第一个案例也就是跟网页来一次问好。具体设计如下：

(1) 主体包含一级标题显示文字内容为 ""Hello HTML" 页面"。

(2) 网页 title 包含文字内容为 "HTML 基础"。

(3) meta 关键字设置属性值为 "网页，计算机"。

要完成上述操作，需要学习以下相关的知识点内容。

二、知识点导入

HTML 的每个页面都包含一些基本的结构标签，页面内容也就是在这些基本标签中书写的。下面通过一个具体的示例来讲解页面的基本结构。

【例 2-1】 定义一个 HTML 网页，效果如图 2-2-2 所示。

图 2-2-2

参考代码如下：

```
<!DOCTYPE html>
<html>
<head>
    <title> 文档标题 </title>
</head>
<body>
    文档显示的内容
</body>
</html>
```

上面这段代码表示了 HTML 文档的基本结构，主要使用了 <!DOCTYPE>、<html>、<head>、<title>、<body> 等标签。

1. <!DOCTYPE> 标签

<!DOCTYPE> 标签是文档声明标签，为单标签，告知 Web 浏览器当前页面使用的 HTML 版本。例 2-1 使用的是 HTML5 版本。文档声明标签必不可少，而且必须位于 HTML 文档的第一行。

其语法格式如下：

```
<!DOCTYPE html>
```

2. <html> 标签

<html> 标签表示页面编写的代码都是 HTML 代码。该标签为双标签，直到 </html> 结束。除了文档声明标签外的所有标签都必须写在 <html></html> 中间。

其语法格式如下：

```
<html>
</html>
```

3. <head> 标签

<head> 标签是 HTML 文档的头部标签，表示页面的"头部"。该标签也为双标签，到 </head> 结束。在浏览器窗口中，头部信息不被显示在正文中，在此标签中可以插入用以说明文件的标题和一些公共属性的标签，如 <title> 标签、<meta> 标签等。

【例 2-2】 参考图 2-2-3 定义网页文档的标题。

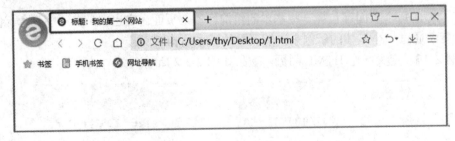

图 2-2-3

参考代码如下：

```
<head>
```

```
<title> 标题：我的第一个网站 </title>
<meta http-equiv="Content-Type" content="text/html; charset=UTF-8">
<meta name="Keywords"content=" 网页 , 计算机 ">
</head>
```

(1) <title> 标签：表示页面的标题。该标签为双标签。如要指定 HTML 文档的网页标题 (它将显示在浏览器窗口顶部标题栏)，就要在头部内容中提供有关信息。用 title 元素来指定网页标题，即在 <title></title> 之间写上网页标题，如例 2-2 中的"标题：我的第一个网站"。

(2) <meta> 标签：一般用来定义页面信息的名称、关键字等，可提供有关页面的元信息 (meta-information)。该标签为单标签，并且一个头部中可以有多个 <meta> 标签。<meta> 标签分两大部分：HTTP 标题信息 (http-equiv) 和页面描述信息 (name)。例如，加入关键字 Keywords 会自动被大型搜索网站自动搜集，也可以设定页面格式及刷新等。这些被定义的内容并不在网页页面中显示，但它们会有一些特殊的作用。如例 2-2 中的"<meta name="Keywords"content=" 网页 , 计算机 ">"，可以定义在网页发布后，如在网站搜索"网页，计算机"等文字内容时，搜索到该页面。

4. <body> 标签

<body> 标签用来定义主体标签，表示页面的"身体"。该标签也是双标签，到 </body> 结束，页面中要展示的绝大部分内容都写在 <body></body> 之间。

【例 2-3】 参考图 2-2-4 完成页面的创建。

图 2-2-4

参考代码如下：

```
<body>
    <h1>"Hello HTML" 页面 </h1>
</body>
```

三、案例实现

""Hello HTML" 页面"实现 (页面效果见图 2-2-1)。

```
<!DOCTYPE html>
<html>
```

```
<head>
    <title>HTML 基础 </title>        /* 标题定义 */
    <meta http-equiv="Content-Type" content="text/html; charset=UTF-8">
    <meta name="Keywords"content=" 网页 , 计算机 ">        /* 关键字定义 */
</head>
<body>
    <h1>"Hello HTML" 页面 </h1>        /* 页面文字定义 */
</body>
</html>
```

2.3 HTML文档标签属性

在 HTML 文档的编写过程中还需要掌握一些基本标签的属性和属性值的用法，以及初学者在编写网页过程中还有一些需要注意的语法事项。

HTML 文档标签属性

 一、案例导入

网页中通常充斥着各种类型的线条，在艺术领域，线条经常被用来描绘男性或女性的特征，或精确细密，或自由流畅等，这一切都依赖于其长度、宽度、方向、角度或与曲线结合的度数等因素。竖线条蕴涵着一种对地球引力稳定的抵制，似乎给空间增添了尊严和正式性。如果有相当高度的话，竖线条会激起人们的渴望和奋发向上的情感。水平线往往表示宁静、放松的随意感，尤其在有相当长度时更是如此。较短的、不连接的水平线即成为一系列的短划线。

我们可以通过网页标签来绘制各种形式的线条，参考图 2-3-1 完成对应线条的设计。

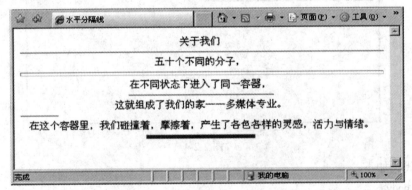

图 2-3-1

本案例主要讲解属性和属性值的设置。通过对水平线的属性和属性值进行不同的设置，呈现出形态各异的水平分隔线。通过本案例的学习，可以熟悉页面的文档结构，并且对标签的属性和属性值的设置有一个初步的了解。要完成本案例需要进行如下操作：

(1) 在页面里面写入文字和水平线。

(2) 对水平线的属性和属性值进行设置，使其呈现出案例效果。

二、知识点导入

1. 基本语法

1) HTML 标签

HTML 中由左尖角号 (<)、内容、右尖角号 (>) 组成的用于描述功能的符号称为 "标签"。使用 <> 包围的目的是将 HTML 文档标签与普通文本区分开。如常用的 <html>、<head>、<body> 等都是标签。标签通常分为单标签和双标签两种类型。

2) 属性和属性值

HTML 通过标签告诉浏览器如何展示网页，如
 告诉浏览器显示一个换行。另外，还可以为某些元素附加一些信息，这些附加信息被称为属性 (Attribute)。

2. 基础案例操作

1) 单标签和双标签

(1) 单标签。单标签仅单独使用就可以表达完整的意思。其语法格式如下：

    < 标签名称 >

语法说明：最常用的单标签是
，它表示换行。

(2) 双标签。双标签由首标签和尾标签两部分构成，必须成对使用。首标签告诉 Web 浏览器从此处开始执行该标签所表示的功能。尾标签告诉 Web 浏览器在这里结束该标签。其语法格式如下：

    < 标签名称 > 内容 </ 标签名称 >

语法说明："内容" 就是要被这对标签施加作用的部分。例如，"b" 标签的作用是告诉浏览器介于标签 <b> 和 </b> 之间的文本应以粗体显示。

【例 2-4】 给图 2-3-2 所示的文字添加如图 2-3-3 所示的加粗和倾斜效果。

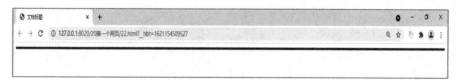

图 2-3-2    图 2-3-3

参考代码如下：

    <B><I> 文字加粗和倾斜演示 </I></B>

注意：这里的 "b" 是 "粗体 (bold)" 的意思。标签可以包含标签，即标签可以成对嵌套，但是不能交叉嵌套。

2) 属性语法

【例 2-5】 给页面插入一条粗细为 5 px，颜色为红色的水平线，效果如图 2-3-4 所示。

图 2-3-4

参考代码如下:

```
<hr size="5px" color=red>
```

如例 2-5 所示,通过标签的属性和属性值的设置,可以对标签进行一些个性化设计。属性基本语法如下:

```
< 标签名称 属性名 1=" 属性值 " 属性名 2=" 属性值 ">
```

语法说明:属性应写在首标签内,并且和标签名之间由一个空格分隔。例如,例 2-5 中 <hr> 标签中,size 为属性,5 px 为属性值,属性值可以直接书写,也可以使用 " " 括起来,即以下写法也是正确的:

```
<hr size=5px>
```

3) 注释

注释标签用于在 HTML 源码中插入注释。注释会被浏览器忽略。可以使用注释对程序代码进行解释,适当的注释对以后代码的阅读和维护将产生很大的帮助。

注释的语法格式如下:

```
<!-- 注释内容 -->
```

语法说明:左括号后需要写一个叹号,右括号前就不需要写了。

4) 编写 HTML 文件的注意事项

"<" 和 ">" 是任何标签的开始和结束。元素的标签要用这对尖括号括起来,并且结束的标签总是在开始的标签前加一个斜杠 "/";元素必须被关闭。标签可以嵌套使用,但不能嵌套标签。任何回车符和空格在 HTML 代码中都不起作用。为了代码清晰,建议不同的标签都单独占一行;标签中可以放置各种属性,属性值都用 " " 括起来;标签名和属性建议都用小写字母。编写代码,一般应该使用缩进风格,以便更好地理解页面的结构,便于阅读和维护。

为了使浏览器能正常浏览网页,在用记事本或别的 HTML 开发工具编写好 HTML 文档后,在保存 HTML 时,对 HTML 文件的命名要注意以下几点:

(1) 文件的扩展名为 .htm 或 .html,建议统一使用 html 作为文件名的后缀。

(2) 文件名中只可由英文字母、数字或下划线组成。

(3) 文件名中不能包含特殊符号,比如空格、$ 等。

(4) 文件名区分大小写。

(5) 网站首页文件名一般是 index.html 或 default.html。

三、案例实现

水平分隔线 (效果见图 2-3-1)。

```
<!DOCTYPE html>
<html>
    <meta charset="UTF-8">
<head>
    <title> 水平分隔线 </title>
</head>
<body>
<center>
```

```
关于我们
<hr>
五十个不同的分子,
<hr size="6">                              /* 设置水平线粗细 */
在不同状态下进入了同一容器,
<hr width="40%">                         /* 设置水平线长度 */
这就组成了我们的家——多媒体专业。
<hr width="60" align="left">             /* 设置水平线长度和对齐方式 */
在这个容器里,我们碰撞着,摩擦着,产生了各色各样的灵感,活力与情绪。
<hr size="6" width="30%" align="center"  noshade color="red">
/* 设置水平线粗细、长度、对齐方式、阴影形式和颜色 */
</center>
</body>
</html>
```

2.4 案例实战——第一个HTML网页设计文档

图文排版在网页设计中十分常见,复杂的网页都是由很多小的页面元素组合而成的。本案例是一个简单的图文混排,通过标签的属性和属性值的设置可以实现简单的图文排版。

第一个 HTML 网页设计文档

一、设计要求

根据提供的图片,实现一个简单的图文混排页面,要求图片和文字居中显示,并且图片和文字由水平线分隔,最终效果参考图 2-4-1。

HTML是Hyper Text Markup Language的英文缩写,即超文本标记语言,它是用来描述网页的一种语言。HTML不是一种编程语言,而是一种标记语言,标记语言是一套标记标签,使用标记标签构成HTML文档,并用来描述网页,所以HTML文档也被称为网页。

图 2-4-1

二、设计分析

根据图 2-4-1,可以看出最终效果就是图片和文字在页面中居中显示。具体设计如下:
(1) 添加图片、水平线、文字等元素对象。
(2) 通过属性和属性值的设置将元素对象水平居中。
通过本案例的学习,可以掌握网页文档的基本结构,了解常见标签的使用,以及一些标签属性和属性值的用法。

三、设计实现

参考代码如下：

```
<!DOCTYPE html>
<html>
    <head>
        <meta charset="UTF-8">
        <title></title>
    </head>
    <body>
        <center><img src="img/b.png" /></center>        /* 图片设置居中 */
        <hr>                                            /* 水平标记 */
        <p align="center">HTML 是 Hyper Text Markup Language 的英文缩写，即超文本标记
语言，它是用来描述网页的一种语言。HTML 不是一种编程语言，而是一种标记语言，标记
语言是一套标记标签，使用标记标签构成 HTML 文档，并用来描述网页，所以 HTML 文档也
被称为网页。</p>                                         /* 设置 <p> 标签文字居中 */
    </body>
</html>
```

第3章　CSS 基础

　　层叠样式表 (Cascading Style Sheets，CSS) 是修饰页面元素的一种方式。它以 HTML 为基础，能够辅助 HTML 对页面的文字、段落、背景等元素的样式进行控制，也能够精确地定位元素在页面中的位置，使页面更加美观。CSS 的应用实现了网页结构与表现的分离，使代码更有条理，利于页面外观的系统化更新改进。

 本章要点

◎ 掌握 CSS 的概念；
◎ 掌握 CSS 的语法；
◎ 了解 CSS 选择器的种类及应用。

3.1　CSS的语法和用法

一、案例导入

　　色彩是指事物表面所呈现的颜色。传统色彩是带有中国传统韵味的文化象征，通过欣赏中国古代建筑、服饰、绘画、雕刻、瓷器、漆器、剪纸等在内的传统色彩艺术，可以让我们了解传统色彩知识，感受传统色彩之美。

CSS 的语法和用法

　　中国古人对色彩的命名，大多取自自然景物，如竹青、月白、水绿；或取自日常用品，如胭脂、黛蓝，牙白，每种命名都颇为雅致，很有意境，每一个颜色名称都凝结着古人的智慧以及对生活、对大自然的热爱。在网页制作中，用色彩来提升网页的视觉设计也是非常重要的。

　　下面用 CSS 样式来设置网页元素的色彩，体验色彩的意境，效果如图 3-1-1 所示。

CSS规则由选择器和声明两部分构成。

CSS属性中使用的度量单位有绝对单位(如：mm)和相对单位(如：px)。

CSS表示颜色的方法有多种，英文单词表示是方法之一。

图 3-1-1

本案例通过对应用 CSS 样式改变标题、段落中的文字大小和颜色，以及设置层的大小和背景颜色的练习，达到熟悉 CSS 颜色的多种表示方式以及设置字体大小的绝对单位和相对单位。具体设计如下：

(1) 用 h 标签、p 标签、span 标签和 div 标签添加网页内容。

(2) 通过 CSS 样式改变文本的大小和颜色、背景颜色。

二、知识点导入

1. CSS 语法

CSS 语法如下：

　　　　选择器 { 声明 1; 声明 2; … ; 声明 n}

CSS 规则由选择器和声明两部分构成。选择器是指需要改变样式的 HTML 元素；声明使用花括号界定起来，用来设置元素的样式，可以是一条或多条，使用多条声明时用分号分隔，最后一个可不加分号。

每条声明由属性和值组成。属性是将要设置的样式属性，每个属性有一个值，属性和值用冒号分开。属性值不加双引号，但是当属性值为若干个单词时，需要加上双引号，具体写法如下：

　　　　选择器 { 属性 1: 值 1; 属性 2: 值 2; … ; 属性 n: 值 n;}

【例 3-1】 分析图 3-1-2 所示代码的 CSS 规则组成。

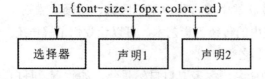

图 3-1-2

图中，font-size 和 color 是属性，分别表示设置文字的大小和颜色；16px 和 red 是属性值，分别表示将文字的大小设置为 16px，颜色设置为红色。

书写 CSS 样式时是否包含空格不会影响 CSS 在浏览器的解析效果，CSS 对大小写也不敏感，但是调用 CSS 的 class 和 id 时，对名称的大小写是敏感的。

2. 颜色的表示方式

1) 用英文单词表示

优点：方便快捷而且指定颜色比较准确。

缺点：表示颜色的数量有限，不容易记住，不支持透明度的表示。

2) 用十六进制表示

以"#"开头的六位十六进制数表示，前两位表示红色的比例，中间两位表示绿色的比例，后两位表示蓝色的比例。

优点：方便快捷而且指定颜色比较准确。

缺点：表示颜色的数量有限，英文不好的不容易记住，不支持透明度的表示。

3) 用 RGB 表示

语法格式如下：

```
rgb(num1,num2,num3)
```

num1、num2、num3 三个参数的取值范围为 0～255 或 0%～100%，其中 num1 表示红色，num2 表示绿色，num3 表示蓝色。

4) 用 RGBA 表示

语法格式如下：

```
rgba(num1,num2,num3,num4)
```

与 rgb(num1,num2,num3) 相比，RGBA 多了一个表示颜色透明度的参数 num4，其取值范围为 0～1。

5) 用 HSL 表示

语法格式如下：

```
hsl(num1,a%,b%)
```

num1 表示色调，取值范围为 0～360，取值 0 或 360 表示红色，取值 120 表示绿色，取值 240 表示蓝色；a% 表示饱和度，取值范围为 0%～100%；b% 表示亮度，取值范围为 0%～100%。

6) 用 HSLA 表示

语法格式如下：

```
hsla(num1,a%,b%,num2)
```

与 hsl(num1,a%,b%) 相比，HSLA 多了一个表示颜色透明度的参数 num2，其取值范围为 0～1。

3. CSS 属性中使用的度量单位

1) 绝对单位

绝对单位在网页中很少使用，一般多用在传统平面印刷中，但在特殊场合使用绝对单位还是很有必要的，具体如表 3-1-1 所示。

表 3-1-1 绝 对 单 位

单　位	描　述
in	英寸
cm	厘米
mm	毫米
pt	磅 (1 pt 等于 1/72 英寸)
pc	12 点活字 (1pc 等于 12 点)

2) 相对单位

相对单位与绝对单位相比显示大小不是固定的，它所设置的对象受屏幕分辨率、可视区域、浏览器设置以及相关元素的大小等多种因素影响。下面将通过表 3-1-2 来详细了解各单位的具体含义。

表 3-1-2 相 对 单 位

单　位	描　述
px	像素，计算机屏幕上的一个点，根据显示器屏幕分辨率而定
%	百分比
em	1 em 等于当前的字体尺寸，2 em 等于当前字体尺寸的两倍。例如，如果某元素以 12 pt 显示，那么 2 em 是 24 pt。在 CSS 中，em 是非常有用的单位，因为它可以自动适应用户所使用的字体
ex	一个 ex 是一个字体的 x-height(x-height 通常是字体尺寸的一半)

三、案例实现

布局参考代码如下：

```
<body>
    <h3>CSS 规则由选择器和声明两部分构成。</h3>
    <p>CSS 属性中使用的度量单位有 <span> 绝对单位 ( 如：mm) 和相对单位 ( 如：px)</span>
</p>
    <p>CSS 表示颜色的方法有多种，英文单词表示是方法之一。</p>
    <div></div>
</body>
```

CSS 参考代码如下：

```
<style type="text/css">
    h3{
        font-size:20px;
        color:#ff0000;
        }
    p{
        font-size:16px;
        color:rgb(100,200,0);
```

```
        }
    span{
        font-size:7mm;
        color:blue;
        }
    div{
        width:100px;
        height:100px;
        background:rgba(0,0,255,0.5);
        }
</style>
```

3.2 基本选择器

基本选择器

一、案例导入

在人类发展的历史中，互通信息是人类生存乃至发展的重要工具。远古时期的人们利用拟态语和火的方式互相传递信息，比如：击鼓鸣号和烽火狼烟。最早的有形信件是实物信，如贝壳信和结绳信等。结绳信就是在绳子上系上大小不一的各种疙瘩，并涂上不同的颜色以表示不同的事情。自西汉时期发明了纸以后，民间逐渐将纸当作了信件的书写载体。

下面参考图 3-2-1，完成页面中一封信的样式布局。

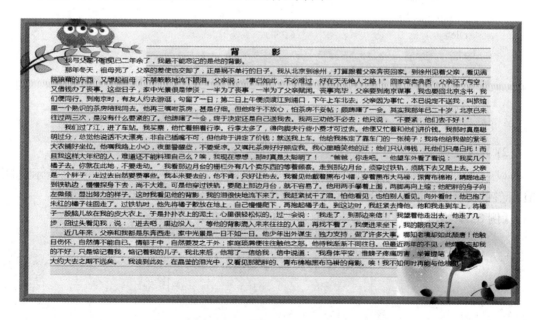

图 3-2-1

本案例是将网页页面制作成信纸的样式，信纸是粉红色的，有横线，左上角和右下角均有插图。案例主要练习 CSS 外部文件样式表的应用。具体设计如下：

(1) 插入层，设置层的大小和边框。

(2) 将左上角、右下角、横线的图片设置成层的背景，调整图片的大小与信纸相适应。

(3) 横线和图片包括 4 行，因此横线图片的高度设置成 4 倍文本的高度，让每一行文字正好写在横线上。

二、知识点导入

1. 基本选择器

1) 通用选择器

"*" 表示通用选择器，适用于文档中所有的元素。

【例 3-2】 使用通用选择器，完成如图 3-2-2 所示的样式设计。

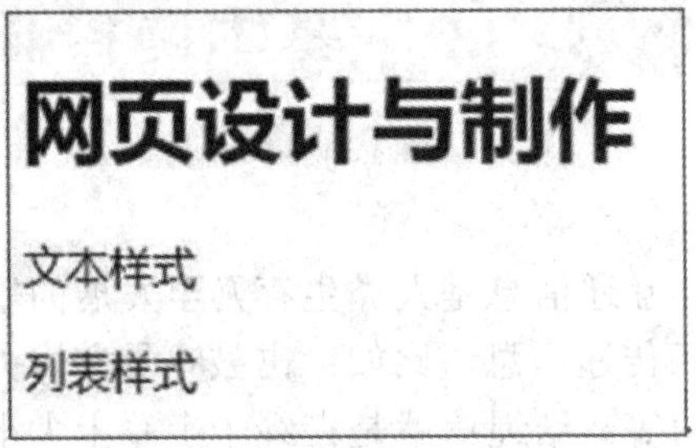

图 3-2-2

参考代码如下：

```
<style type="text/css">
    *{color:red;}
</style>
<body>
<h1> 网页设计与制作 </h1>
<P> 文本样式 </P>
<p> 列表样式 </p>
</body>
```

2) 元素选择器

以 HTML 标签作为选择器，通过选择器定义该标签元素的样式。如例 3-3 所示，将 h1 标签的文字颜色设置为红色，p 标签的文字颜色设置为粉红色。

【例 3-3】 使用元素选择器，完成如图 3-2-3 所示的样式设计。

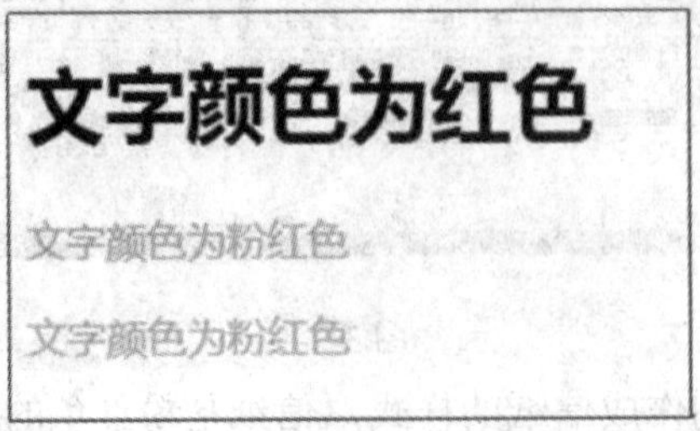

图 3-2-3

参考代码如下：

```
<style type="text/css">
h1{color:red;}
p{color:pink;}
</style>
<body>
<h1> 文字颜色为红色 </h1>
<P> 文字颜色为粉红色 </P>
<p> 文字颜色为粉红色 </p>
</body>
```

3) 类别选择器

如果单独为类别选择器定义样式，并将类别选择器设置在不同的元素上，则所有应用该类别选择器的元素都会具有该样式。类别选择器以 "." 作为前缀，元素套用格式为 class=" 类别选择器 "。

如例 3-4 所示，类别选择器 layout 分别被 p 标签和 h 标签套用，类别选择器 layout11 被 h2 标签套用。

类别选择器的命名规则：要以小写字母开头，不能以数字开头，不能使用中文命名，要见名知意。

【例 3-4】　使用类别选择器，完成如图 3-2-4 所示的样式设计。

图 3-2-4

参考代码如下：

```
<style type="text/css">
.layout{
font-family:" 方正舒体 ";
font-size:24px;
color:red;
}
.layout11 {
font-size: 36px;
font-style: italic;
color:blue;
}
</style>
<body>
<p class="layout"> 套用 layout 样式 </p>
```

```
<h1 class="layout"> 套用 layout 样式 </h1>
<h2 class="layout11"> 套用 layout1 样式 </p>
</body>
```

4) ID 选择器

为标记 id 的 HTML 元素定义特定的样式，ID 选择器以 "#" 作为前缀。如例 3-5 所示，div 标签被指定套用 ID 选择器 "page" 的样式，即该元素将优先使用 "page" 选择器定义的样式。

【例 3-5】 使用 ID 选择器，完成如图 3-2-5 所示的样式设计。

盒子套用page样式，在页面居中，宽为1000px，高为1600px，1px蓝色边框

图 3-2-5

参考代码如下：

```
<style type="text/css">
    #page{margin:0 auto;
        width:1000px;
        height:100px;
        line-height:100px;
        text-align:center;
        border:3px solid blue;
    }
</style>
<body>
    <div id="page"> 盒子套用 page 样式，在页面居中，宽为 1000px，高为 1600px，1px 蓝色边框
</div>
    </body>
```

通过表 3-2-1，可以详细对比类别选择器和 ID 选择器之间的差异。

表 3-2-1　类别选择器和 ID 选择器的差异

	类别选择器	ID 选择器
语法	选择器前缀为 "."	选择器前缀为 "#"（棋盘号）
使用方法	用 class 属性套用，<h1 class="important">	用 ID 属性套用，<h1 id="important">
套用语法	多个类别选择器可以同时被套用，语法为 class=" 选择器 1 选择器 2"，选择器之间用空格分隔	不能结合使用
使用次数	在一个 HTML 文档中，可以多次使用	一般使用一次
何时使用	同一个页面要多次用到时使用	在同一个页面只会出现一次时使用，如网页的页头、页体、页脚制作

2. 样式表在文档中的位置和调用方法

1) 行内调用

使用标签的 style 属性，将样式表定义在 <html> 标签内。

示例代码如下：

```
<p style="font-family:Verdana;font-size:3;color:red;"> 行内调用 </p>
```

2) 内部调用

如果样式表中只有少数几行代码，可以直接用 <style> 元素，放在页面的 <head> 区段中，称为内嵌样式表。实际上，<style> 元素也可以放在 <body> 区段中，但是由于浏览器是由上至下解析代码的，因此样式放在 <head> 区段中可以在网页内容载入之前先载入 CSS 样式，使网页的内容和 CSS 样式可以同时呈现，增强用户体验。

【例 3-6】 采用内部调用的形式完成如图 3-2-6 所示的页面格式设计。

网页设计与制作

内部调用

图 3-2-6

参考代码如下：

```
<style type="text/css">
        p {
            color:red;
            font-size:16px;
            }
        h1{
            color:blue;
            }
        .style1{
            font-size:18px;
            color:#00f;
            }
</style>
<body>
    <p> 网页设计与制作 </p>
    <p class="style1"> 内部调用 </p>
</body>
```

3) 外部文件调用

当 CSS 样式表代码多的时候，与 HTML 放在同一个文件中会使得文档非常长，而且显得头重脚轻，因此通常会将样式表单独写在扩展名为 CSS 的文件中，独立于 HTML 文件。

(1) 外部样式表调用方法。

外部样式表用 link 语句调用。<link> 必须放在 <head> 区段中指定，且必须有 rel、

type、href 三个属性。rel 属性指定文件的类型，type 标识出连接文件的形式，href 指向文件的位置。

示例代码如下：

```
<link  rel="stylesheet"  type="text/css"  href="example.css">
```

（2）外部样式表文件。

外部样式表文件是将多个 CSS 样式写在一个扩展名为 .css 的文件中，可以用记事本等文本编辑器编写，文件中不包含 html 的任何标签。

示例代码如下：

```
.mylayout{
    font-size:36px;
    color:#6699FF;
}
hr{
    color:#ff0000;
    height:5px;
    width:500;
}
.yy{
    font-size:36px;
    color:#6699FF;
}
```

三、案例实现

布局参考代码如下：

```
<body>
        <div class="letter">
    <h3> 背影 </h3>
    <p> 我与父亲不相见已二年余了，我最不能忘记的是他的背影。</p>
    <p> 那年冬天，祖母死了，父亲的差使也交卸了，正是祸不单行的日子。我从北京到徐
```

州，打算跟着父亲奔丧回家。到徐州见着父亲，看见满院狼藉的东西，又想起祖母，不禁簌簌地流下眼泪。父亲说："事已如此，不必难过，好在天无绝人之路！"回家变卖典质，父亲还了亏空；又借钱办了丧事。这些日子，家中光景很是惨淡，一半为了丧事，一半为了父亲赋闲。丧事完毕，父亲要到南京谋事，我也要回北京念书，我们便同行。到南京时，有友人约去游逛，勾留了一日；第二日上午便须渡江到浦口，下午上车北去。父亲因为事忙，本已说定不送我，叫旅馆里一个熟识的茶房陪我同去。他再三嘱咐茶房，甚是仔细。但他终于不放心，怕茶房不妥帖；颇踌躇了一会。其实我那年已二十岁，北京已来往过两三次，是没有什么要紧的了。他踌躇了一会，终于决定还是自己送我去。我再三劝他不必去；他只说，"不要紧，他们去不好！" </p>

        <p> 我们过了江，进了车站。我买票，他忙着照看行李。行李太多了，得向脚夫行些小费才可过去。他便又忙着和他们讲价钱。我那时真是聪明过分，总觉他说话不大漂亮，非自己插嘴不可，但他终于讲定了价钱；就送我上车。他给我拣定了靠车门的一张椅子；我将他给我做的紫毛大衣铺好坐位。他嘱我路上小心，夜里警醒些，不要受凉。又嘱托茶房好好照应我。我心里暗笑他的迂；他们只认得钱，托他们只是白托！而且我这样大年纪的人，难道

还不能料理自己么？唉，我现在想想，那时真是太聪明了！"爸爸，你走吧。"他望车外看了看说："我买几个橘子去。你就在此地，不要走动。"我看那边月台的栅栏外有几个卖东西的等着顾客。走到那边月台，须穿过铁轨，须跳下去又爬上去。父亲是一个胖子，走过去自然要费事些。我本来要去的，他不肯，只好让他去。我看见他戴着黑布小帽，穿着黑布大马褂，深青布棉袍，蹒跚地走到铁轨边，慢慢探身下去，尚不大难。可是他穿过铁轨，要爬上那边月台，就不容易了。他用两手攀着上面，两脚再向上缩；他肥胖的身子向左微倾，显出努力的样子。这时我看见他的背影，我的泪很快地流下来了。我赶紧拭干了泪。怕他看见，也怕别人看见。向外看时，他已抱了朱红的橘子往回走了。过铁轨时，他先将橘子散放在地上，自己慢慢爬下，再抱起橘子走。到这边时，我赶紧去搀他。他和我走到车上，将橘子一股脑儿放在我的皮大衣上。于是扑扑衣上的泥土，心里很轻松似的。过一会说："我走了，到那边来信！"我望着他走出去。他走了几步，回过头看见我，说："进去吧，里边没人。"等他的背影混入来来往往的人里，再找不着了，我便进来坐下，我的眼泪又来了。</p>

    <p> 近几年来，父亲和我都是东奔西走，家中光景是一日不如一日。他少年出外谋生，独力支持，做了许多大事。哪知老境却如此颓唐！他触目伤怀，自然情不能自己。情郁于中，自然要发之于外；家庭琐屑便往往触他之怒。他待我渐渐不同往日。但最近两年的不见，他终于忘却我的不好，只是惦记着我，惦记着我的儿子。我北来后，他写了一信给我，信中说道："我身体平安，惟膀子疼痛厉害，举箸提笔，诸多不便，大约大去之期不远矣。"我读到此处，在晶莹的泪光中，又看见那肥胖的、青布棉袍黑布马褂的背影。唉！我不知何时再能与他相见！</p>

    </div>

</body>

CSS 参考代码如下：

```
* {
    margin: 0;
    padding: 0;
}

.letter {
    width: 1000px;
    height: 600px;
    border: 20px ridge rgba(200, 60, 30, 0.6);
    margin: 10px auto;
    padding: 50px;
    background-image: url(img/bird.png), url(img/flower.png),
        url(img/line.png), url(img/pink.png);
    background-repeat: no-repeat, no-repeat, repeat, repeat;
    background-size: 25%, 20%, auto 100px, auto;
    background-position: left top, right bottom, left top, left top;
    background-origin: border-box, border-box, content-box, padding-box;
    background-clip: border-box, border-box, content-box, padding-box;
}

h3 {
```

```
        text-align: center;
        letter-spacing: 4em;
    }

    p {
        text-indent: 2em;
        font-size: 16px;
        line-height: 25px;
    }t-indent:2em;font-size:16px;line-height:25px;}
```

3.3　复合选择器

复合选择器

一、案例导入

中华民族是一个伟大的民族，我们的祖先用勤劳和智慧创造了光辉灿烂的文化，为后人留下了宝贵的财富，为世界文明做出了卓越贡献。

图 3-3-1 所示的文字包含多种样式设计，可通过对其的练习掌握用复合选择器设置元素的样式。

不在盒子中的P

在sec1盒子中的h3标题

在sec1盒子中的p1

在sec1盒子中的p2

在sec1盒子中的p3

在sec2盒子中的h3标题

在sec2盒子中的p1

在sec2盒子中的p2

在sec2盒子中的p3

在sec21盒子中的h3标题

在sec21盒子中的p3

在sec21盒子中的p2

在sec3盒子中的h3标题

在sec3盒子中的p1
在sec3盒子中的p2
在sec3盒子中的p3

在sec31盒子中的h3标题

在sec31盒子中的p3

在sec31盒子中的p2

图 3-3-1

本案例通过复合选择器的应用实现元素的样式。具体设计是：不同级别的关系，通过选择"空格"">""+""～"""，"实现元素的样式。

二、知识点导入

1. 后代选择器（包含选择器）

语法：元素之间添加空格。

功能：给元素的后代元素添加样式。

示例：给 ul 所有的后代元素（包括孙元素）li 添加样式。

```
ul li{color: red;border: 1px solid blue;}
```

2. 子元素选择器

语法：父元素和子元素之间用"＞"连接。

功能：给元素的直接后代添加样式。

示例：给 ul 的直接子元素 li 添加样式，不包括孙元素（但是字体、颜色样式会继承）。

```
ul>li{color: red}
```

3. 相邻选择器

语法：元素之间用"＋"连接，如 E+F{ 样式定义 }。

功能：给紧贴在 E 元素后面的 F 元素添加样式。

示例：给紧跟在 h2 标签后面的 p 元素添加样式。

```
h2+p{color: green}
```

4. 兄弟选择器

语法：元素之间用"~"连接，如 E~F{ 样式定义 }。

功能：给 E 元素所有后面的兄弟元素 F 添加样式。

示例：给 h3 标签后面的同级 p 元素添加样式。

```
h3~p{color: red}
```

5. 并列选择器

语法：元素之间用"，"连接。

功能：同时对多个元素添加样式。

示例：给 h1、p、a 元素同时添加样式。

```
h1,p,a{color:red}
```

三、案例实现

布局参考代码如下：

```
<body>
    <p> 不在盒子中的 P</p><!-- 文字大小为 30px-->
    <div class="sec1"><!--300*200，蓝色边框 -->
        <h3> 在 sec1 盒子中的 h3 标题 </h3>
        <p> 在 sec1 盒子中的 p1</p><!-- 文字大小为 25px-->
        <p> 在 sec1 盒子中的 p2</p><!-- 文字大小为 25px-->
        <p> 在 sec1 盒子中的 p3</p><!-- 文字大小为 25px-->
    </div>
    <div class="sec2"><!--300*200，蓝色边框 -->
```

```
            <h3> 在 sec2 盒子中的 h3 标题 </h3>
            <p> 在 sec2 盒子中的 p1</p><!-- 文字大小为 20px-->
            <p> 在 sec2 盒子中的 p2</p><!-- 文字大小为 15px-->
            <p> 在 sec2 盒子中的 p3</p><!-- 文字大小为 20px-->
            <div class="sec21">
                <h3> 在 sec21 盒子中的 h3 标题 </h3>
                <p> 在 sec21 盒子中的 p3</p><!-- 文字大小为 15px-->
                <p> 在 sec21 盒子中的 p2</p><!-- 文字大小为 20px-->
            </div>
        </div>
        <div class="sec3"><!--300*200，蓝色边框 -->
            <h3> 在 sec3 盒子中的 h3 标题 </h3>
            <p> 在 sec3 盒子中的 p1</p><!-- 文字大小为 10px-->
            <p> 在 sec3 盒子中的 p2</p><!-- 文字大小为 10px-->
            <p> 在 sec3 盒子中的 p3</p><!-- 文字大小为 10px-->
            <div class="sec31">
                <h3> 在 sec31 盒子中的 h3 标题 </h3>
                <p> 在 sec31 盒子中的 p3</p><!-- 文字大小为 30px-->
                <p> 在 sec31 盒子中的 p2</p><!-- 文字大小为 30px-->
            </div>
        </div>
    </body>
```

CSS 参考代码如下：

```
<style type="text/css">
    .sec1,.sec2,.sec3{width:600px;height:250px;border:2px solid blue;}        /* 并列选择器 */
    p{font-size:30px;line-height:0.6;}
    .sec1>p{font-size:25px;}          /* 子元素选择器 */
    .sec2 p{font-size:20px;}          /* 后代选择器 */
    .sec2>h3+p{font-size:15px;}       /* 相邻选择器 */
    .sec3>h3~p{font-size:10px;;}      /* 兄弟选择器 */
</style>
```

3.4 属性选择器

属性选择器

属性选择器的主要作用是对带有指定属性的 HTML 元素设置样式。使用 CSS3 属性选择器，可以只指定元素的某个属性，还可以同时指定元素的某个属性和其对应的属性值。

一、案例导入

个人信息是一个人的名片，大数据通过对个人信息深层次的挖掘，可以推算出个人的经济状况、生活习惯及性格特点等信息，个人信息的泄漏会带来很大的安全隐患，因此，增强网络安全意识，保护好个人信息是非常重要的。

注册表单是服务器获取用户信息的一种常用方式，表单在网页中主要负责数据采集功能。一个表单有三个基本组成部分：表单标签，表单域（包括文本框、密码框、隐藏域、多行文本框、复选框、单选框、下拉选择框及文件上传框等），表单按钮（包括提交按钮、复位按钮和一般按钮，用于将数据传送到服务器上的 CGI 脚本或者取消输入，还可以用表单按钮来控制其他定义了处理脚本的处理工作）。

下面来看看如图 3-4-1 所示的表单包括了上述哪些内容，都获取了用户的哪些信息。

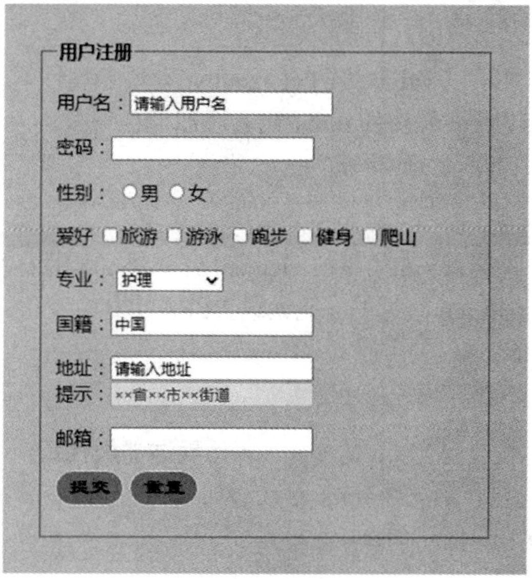

图 3-4-1

本案例通过属性选择器来设置表单控件、提交按钮和重置按钮的样式。具体设计如下：

(1) 插入表单元素。

(2) 用"input[type="submit"],input[type="reset"]"属性选择器写按钮的样式。

二、知识点导入

1. element[attribute]

功能：给具有 attribute 属性的 element 元素添加样式。

示例：给有 value 属性或 style 属性的 input 元素添加绿色的背景颜色。

    input[value][style]{background: green}

2. element [attribute ="val"]

功能：给 attribute 属性等于 val 的 element 元素添加样式。

示例：给 value="vip" 的 element 元素添加红色的背景。

    input[value="vip1"]{background: red}

3. element [attribute ~ ="val"]

功能：当 attribute 属性有多个值时，给值等于 val 的 element 元素添加样式。

示例：当 input 元素的 style 有多个属性值时，只给 style 属性值为 15 px 的 input 元素添加蓝色背景。

```
input[style ~ ="15px"]{background: blue}
```

4. element [attibute |="val"]

功能：attibute 属性以 value 开头，取值为完整且唯一的单词，或包含"-"连接符的元素，给 element 元素添加样式。

示例：如果 HTML 代码为 <p lang="en-us">，则给该 p 元素添加文字颜色为红色的样式。

```
p[lang|="en"]{color:red}
```

5. element [attibute ^="val"]

功能：给 attibute 属性值以 val 开头的 element 元素添加属性。

示例：给 val 属性值以 vip 开头的 input 元素添加绿色背景。

```
input[value^="vip"]{background:green}
```

6. element [attibute $="val"]

功能：给 attibute 属性值以 val 结尾的 element 元素添加属性。

示例：给 href 属性值以 .cn 结尾的 a 元素设置红色字体。

```
a[href$=".cn"]{color: red}
```

7. element [attibute *="val"]

功能：给 attibute 属性值包含 val 的 element 元素添加属性。

示例：给 val 属性值包含 vip 的 input 元素添加红色背景。

```
input[value*="vip"]{background:red}
```

三、案例实现

布局参考代码如下：

```
<body>
    <form action="dd.html" method="get">
    <fieldset>
    <legend> 用户注册 </legend>
        <p><label for="user"> 用户名： </label><input type="text" id="user" value=" 请输入
    用户名 "/></p>
        <p><label> 密码： <input type="password" name="psd"/></label></p>
        <p><label> 性别： </label>
        <input type="radio" name="sex" id="sex1"><label for="sex1"> 男 </label>
        <label><input type="radio" name="sex" id="sex2"> 女 </label>
        </p>
        <p><label> 爱好 </label>
        <label><input type="checkbox" name="fav"> 旅游 </label>
        <label><input type="checkbox" name="fav"> 游泳 </label>
        <label><input type="checkbox" name="fav"> 跑步 </label>
        <label><input type="checkbox" name="fav"> 健身 </label>
        <label><input type="checkbox" name="fav"> 爬山 </label>
        </p>
        <p>
```

```
        <label> 专业：
            <select>
                <optgroup label=" 护理学院 ">
                    <option> 护理 </option>
                    <option> 助产 </option>
                </optgroup>
                <optgroup label=" 信息工程学院 ">
                    <option> 网络技术 </option>
                    <option> 信息管理 </option>
                </optgroup>
                <optgroup label=" 师范学院 ">
                    <option> 幼儿教育 </option>
                    <option> 初等教育 </option>
                </optgroup>
            </select>
        </label>
        </p>
        <p><input type="hidden" name="tj" value=" 统计 " /></p>
        <p> 国　籍：<input type="text"　name="cn" value=" 中　国 " maxlength="6"
                    readonly="readonly" />
        <p> 地址：<input type="text" value=" 请输入地址 "/><br/>
        提示：<input type="text" value="×× 省 ×× 市 ×× 街道 " disabled="disabled"/></p>
        <p> 邮箱：<input type="email" name="email"/></p>


        <p><input type="submit" value=" 提交 " />
        <input type="reset" value=" 重置 "/></p>


    </fieldset>
    </form>
</body>
```

CSS 参考代码如下：

```
form{
    width:400px;
    background:#B9CEF0;
    margin:50px auto;
    padding:30px;
}
input[type="submit"],input[type="reset"]{
    width:60px;
    height:30px;
    background:gray;
    border-radius:20px;
    border:1px solid #fff;
```

```
        font-size:18px;
        font-weight:bolder;
        font-family:" 隶书 ";
    }
input[type="submit"]:hover,input[type="reset"]:hover{background:red;}
legend{font-weight:bolder;}
```

3.5 伪元素选择器和伪类选择器

一、案例导入

改革开放是中国共产党在社会主义初级阶段基本路线的两个基本点之一，是中国共产党十一届三中全会以来进行社会主义现代化建设的总方针、总政策，是强国之路，是党和国家发展进步的活力源泉。本案例运用伪元素选择器和伪类选择器进行页面文字设置，效果如图3-5-1 所示。

3.5 伪元素选择器
和伪类选择器

改革

对内改革

各项事业的全面进步

更好地实现最广大人民群众的根本利益

在坚持社会主义制度的前提下

自觉地调整和改革生产关系同生产力

上层建筑同经济基础之间不相适应的方面和环节

开放

"即对外开放"

"加快我国现代化建设的必然选择"

"符合当今时代的特征和世界发展的大势"

"必预长期坚持的一项基本国策"

图 3-5-1

具体设计如下：

(1) 设计两个 div 盒子，设置宽高。

(2) 对两个 div 盒子分别放入文字"改革"和"开放"两段内容，标题用 h2 标签，其余文字用 p 标签。

(3) 对"在坚持社会主义制度的前提下"这行文字用两个 p 标签。

(4) 对"改革"二字使用伪类选择器进行文字样式设置，对"开放"二字使用伪元素选择器进行文字样式设置。

下面介绍如何使用伪元素和伪类选择器的相关知识点。

二、知识点导入

1. 伪元素选择器

(1) 设置元素内容第一个字符的样式，语法如下：

element:first-letter/element::first-letter

示例：

p::first-letter{font-size: 50px}

(2) 设置元素内容第一行字符的样式，语法如下：

element:first-line/element::first-line

示例：

p::first-line{color: green}

(3) 在每个 element 元素的内容之前插入内容，用来和 content 属性一起使用，语法如下：

element:before/element::before

示例：在 a 元素之前插入"点击"两个字符。

a::before{
    content: " 点击 "
}

(4) 在每个 element 元素的内容之后插入内容，用来和 content 属性一起使用，语法如下：

element:after/element::after

示例：在 a 元素之后插入图片。

a::after{
    content: url(../img/ss.png)
}

(5) 设置对象被选择时的样式，语法如下：

element::selection

示例：设置段落被选择时的背景颜色。

p::selection{background: red}

2. 伪类选择器

1) 结构伪类选择器

(1) 给父元素的第一个子元素 element 设置样式，语法如下：

element:first-child

(2) 给父元素的最后一个子元素 element 设置样式，语法如下：

element:last-child

(3) 给仅有的一个子元素 element 设置样式，语法如下：

    element:only-child

(4) 给元素的第 n 个子元素 element 设置样式，语法如下：

    element:nth-child(n):

说明： n 的取值可以是数字、odd(奇数)、even(偶数) 或者由 n 构成的表达式。

示例：

tr:nth-child(3)	/* 表示第三行 */
tr:nth-child(odd)	/* 表示奇数行 */
tr:nth-child(even)	/* 表示偶数行 */
tr:nth-child(2n)	/* 表示 2 的倍数行 */

(5) 给倒数第 n 个子元素 element 设置样式，语法如下：

    element:nth-last-child(n):

2) UI 伪类选择器

(1) 向被激活的元素添加样式，语法如下：

    element:active

(2) 当鼠标悬浮在元素上方时，向元素添加样式，语法如下：

    element:hover

(3) 向未被访问的链接添加样式，语法如下：

    element:link

(4) 向已被访问的链接添加样式，语法如下：

    element:visited

(5) 向拥有键盘输入焦点的元素添加样式，语法如下：

    element:focus

(6) 向带有指定 lang 属性的元素添加样式，语法如下：

    element:lang

(7) 选择每个被选中的 input 元素时的样式，语法如下：

    input:checked

(8) 选择每个禁用的 input 元素时的样式，语法如下：

    input:disabled

(9) 选择每个启用的 input 元素时的样式，语法如下：

    input:enabled

(10) 选择当前活动的锚点元素的样式，语法如下：

    #E:target

(11) 选择 element 元素之外的每个元素的样式，语法如下：

    :not(element)

3. CSS 样式的优先级

浏览器根据优先级决定给元素应用哪个样式，而优先级仅由选择器的匹配规则来决定。

(1) 就近原则。离要修饰目标越近的样式优先级越高。如例 3-7 中，h1 标签套用了离它更近的 html h1 样式，因而文字的颜色是紫色的。

【例 3-7】 巧用就近原则实现文字变色，效果如图 3-5-2 所示。

图 3-5-2

参考代码如下：

```
<style type="text/css">
body h1{
        color: green;
}
html h1{
        color: purple;
}
</style>
<body>
    <h1> 我是紫色的！</h1>
</body>
```

如果调换 html h1 和 body h1 的顺序，那么文字的颜色就是绿色了。

(2) 作用范围越小，优先权越高。

(3) 优先级由高到低：内联 >ID 选择器 > 伪类 = 属性选择器 = 类选择器 > 元素选择器 > 通用选择器 (*)> 继承的样式。

(4) 谁指向精确谁的优先级高，并列的情况下哪个在后面哪个优先级高。

(5) 可以采用"!important"语法来提升优先级。

【例 3-8】 !important 语法的使用，效果如图 3-5-3 所示。

图 3-5-3

参考代码如下：

```
<style type="text/css">
        *{color:blue;}
        p{color:purple !important;}
</style>
</head>
<body>
    <p style="color:red;"> 采用 !important 语法，优先级最高，因此文字颜色是紫色的。</p>
</body>
```

三、案例实现

布局参考代码如下：

```
<body>
    <div id="gaige">
        <h2> 改革 </h2>
        <p> 对内改革 </p>
        <p> 各项事业的全面进步 </p>
        <p> 更好地实现最广大人民群众的根本利益 </p>
        <p>
            <p> 在坚持社会主义制度的前提下 </p>
        </p>
        <p> 自觉地调整和改革生产关系同生产力 </p>
        <p> 上层建筑同经济基础之间不相适应的方面和环节 </p>
    </div>

    <div id="kaifang">
        <h2> 开放 </h4>
        <p> 即对外开放 </p>
        <p> 加快我国现代化建设的必然选择 </p>
        <p> 符合当今时代的特征和世界发展的大势 </p>
        <p> 必须长期坚持的一项基本国策 </p>
    </div>
</body>
```

CSS 参考代码如下：

```
<style type="text/css">
    #gaige,#kaifang{
        width: 650px;
        height: 300px;
        margin: 0 auto;
        text-align: center;
    }
    #gaige h2:first-child{    /* 给父元素的第一个子元素设置样式 */
        color:red;
        font-size: 20px;
        font-weight: bold;
    }
    #gaige p:last-child{    /* 给父元素的最后一个子元素设置样式 */
        color: red;
```

```
    }
    #gaige span:only-child{            /* 给仅有的一个子元素设置样式 */
        color: yellow;
        background: red;
    }
    #gaige p:nth-child(3){  /* 给元素的第 n 个子元素设置样式 */
        color: blue;
    }
    #gaige p:nth-child(even){          /*n 可以是数字、odd( 奇数 )、even( 偶数 ) 或者
                                          由 n 构成的表达式 */
        color: red;
    }
    #kaifang h2::first-letter{         /* 设置元素内容第一个字符的样式 */
        color:red;
        font-size: 30px
    }
    #kaifang p::before{     /* 给元素前加入引号 */
        content:" " "";
    }
    #kaifang p::after{                 /* 给元素后加入引号 */
        content:" " "";
    }
    #kaifang p::selection{  /* 设置对象被选择时的样式 */
        background:red;
        color: yellow;
    }
</style>
```

 ## 3.6 案例实战——应用CSS样式实现

"双周热门推荐" 栏目列表样式

一、设计要求

　　构建一个简单的示例，页面模拟博客大巴生活频道页面效果，其中设计"双周热门推荐"栏目列表样式，设计效果如图 3-6-1 所示，其中每项列表都统一使用一个背景图像。

图 3-6-1

二、设计分析

(1) 整体页面是用背景图片布局，通过层叠方式，将"双周热门推荐"栏目列表定位在背景图片对应的栏目位置。

(2) 设计栏目的列表项格式，将第一个列表项字体加粗。

(3) 设计每个列表项的背景图像位置，使得列表项能分别显示 01 ~ 08 这 8 个数字。

(4) 通过结构伪类选择器将列表项偶数行定义背景色为 #EFEFEF。

(5) 通过结构伪类选择器实现隔几选一的效果。

三、设计实现

布局参考代码如下：

```
<body>
    <img src="images/bg1.jpg">
    <div id="box">
        <div class="sbox1" style="margin-top:10px;">
            <span>01</span> 送君千里 终须一别
        </div>
        <div class="sbox2">
```

```
                <span>02</span> 旅行的意义
            </div>
            <div class="sbox3">
                <span>03</span> 南师虽去，精神永存
            </div>
            <div class="sbox">
                <span>04</span> 榴莲糯米糍
            </div>
            <div class="sbox">
                <span>05</span> 阿尔及利亚 天命之年
            </div>
            <div class="sbox">
                <span>06</span> 白菜鸡肉粉丝包
            </div>
            <div class="sbox">
                <span>07</span>《展望塔上的杀人》
            </div>
            <div class="sbox">
                <span>08</span> 我们，只会在路上相遇
            </div>
        </div>
    </body>
```

CSS 参考代码如下：

```
    <style type="text/css">
        #box {
            width: 250px;
            height: 290px;
            position: absolute;                 /* 给 box 盒子进行绝对定位 */
            right: 18%;
            top: 200px;
        }
        img {
            position: absolute;                 /* 给图片进行绝对定位 */
            left: 18%;
        }
        #box>div {
            width: 200px;
            height: 30px;
            line-height: 30px;
            font-size: 14px;
            color: gray;
            padding-left: 10px;
        }
```

```
        #box>div>span {
            color: white;
            border-radius: 10px;
        }
        #box div:nth-child(3n-2) {                /* 实现隔几选一的效果 */
            background-color: lightgray;
        }
        #box div:nth-child(1) span {      /* 从第一行开始设置数字的背景颜色 */
            background-color: red;
        }
        #box div:nth-child(2) span {      /* 从第二行开始设置数字的背景颜色 */
            background-color: orange;
        }
        #box div:nth-child(3) span {      /* 从第三行开始设置数字的背景颜色 */
            background-color: darkorange;
        }
        #box div:nth-child(n+4) span {    /* 从第四行开始设置数字的背景颜色 */
            background-color: green;
        }
    </style>
```

第4章　设计文本样式

　　文字是网页中传达信息的最基本元素，它是用来传递信息的主要手段。本章主要学习文字的基本样式和段落设计，如字型、颜色、尺寸、字间距、行距、段落设计等细节。这些细节是一个网页成功的重要基石。好的字体排版，可以更好地向浏览者传达文字包含的信息，提高网站的易读性。

本章要点

◎ 掌握使用 CSS 设置文本颜色、字型、大小、大小写、粗体及斜体等样式；
◎ 掌握使用 CSS 设置文本行高、缩进及对齐方式等；
◎ 掌握使用 CSS 设置字符间距和单词间距。

4.1　设计字体样式

一、案例导入

　　在中国文学宝库中，唐代诗歌无疑是最为璀璨的一颗明珠，留下的名句和诗歌像漫天的星斗遍洒那一段历史的天空。

　　唐诗作为中华民族珍贵的文化遗产之一，既是中华文化宝库中的一颗明珠，又对世界上许多国家的文化发展产生了很大影响，对于后人研究唐代的政治、民情、风俗、文化等都有重要的参考意义。

　　本案例通过设计字体样式，在网页中展示李白的《望庐山瀑布》，效果如图 4-1-1 所示。

唐诗欣赏

望庐山瀑布

李白

日照香炉生紫烟，
遥看瀑布挂前川。
飞流直下三千尺，
疑是银河落九天。

【简析】

这首诗形象地描绘了庐山瀑布雄奇壮丽的景色，反映了诗人对祖国大好河山的无限热爱。首句"香炉"是指庐山的香炉峰，此峰在庐山西北，形状尖圆，像座香炉。由于瀑布飞泻，水气蒸腾而上，在阳日照耀下，仿佛有座顶天立地的香炉冉冉升起了团团紫烟。一个"生"字化动为静，维妙维肖地写出香炉峰的景象。次句"遥看瀑布"四字照应了题目《望庐山瀑布》。"挂前川"是说瀑布像一条巨大的白练从悬崖直挂到前面的河流上。"挂"字化动为静，维妙维肖地写出遥望中的瀑布。飞流"表现瀑布凌空而出，喷涌飞泻。"直下"既写出岩壁的陡峭，又写出水流之急。"三千尺"极力夸张，写山的高峻。第四句说这"飞流直下"的瀑布，使人怀疑是银河从九天倾泻下来。一个"疑"，用得空灵活泼，若真若幻，引人遐想，增添了瀑布的神奇色彩。

仅供学习交流使用©宜春职业技术学院

图 4-1-1

本案例主要内容包括：突出显示的标题、字体类型、字体大小、字体颜色等。

完成本案例需要进行如下操作：

(1) 标题文字居中显示，设置字体类型。

(2) 正文内容设置字体类型、字体大小和字体颜色。

(3) 各部分内容之间用水平线分隔。

二、知识点导入

1. 定义字体类型

CSS 使用 font-family 属性定义字体类型，另外使用 font 属性也可以定义字体类型。font-family 是字体类型专用属性，其用法如下：

　　font-family:name

其中：name 表示字体名称，可指定多种字体，多个字体将按优先顺序排列，以逗号隔开。如果字体名称包含空格，则应使用引号括起。

【例 4-1】 设置字型，效果如图 4-1-2 所示。

图 4-1-2

部分代码如下：

```
<head>
<title> 设置字型 </title>
<style type="text/css">
.font1 {font-family: 微软雅黑 ;}
.font2 {font-family: 隶书 , 华文行楷 , 宋体 ;}
.font3 {font-family:Calibri,"Times New Roman",Arial;}
</style>
</head>
<body>
<h2> 设置字型 </h2>
<p class="font1"> 设置文本为微软雅黑 </p>
<p class="font2"> 文本按照隶书、华文行楷、宋体的顺序设置 </p>
<p class="font3">The order of font is Calibri,Times New Roman,Arial</p>
</body>
```

font 是一个复合属性，该属性能够设置多种字体属性，其用法如下：

font：font-style || font-variant || font-weight || font-size || line-height || font-family

属性值之间以空格分隔。font 属性至少应设置字体大小和字体类型，且必须放在后面，否则无效。

2. 定义字体大小

【例 4-2】 设置字体尺寸，效果如图 4-1-3 所示。

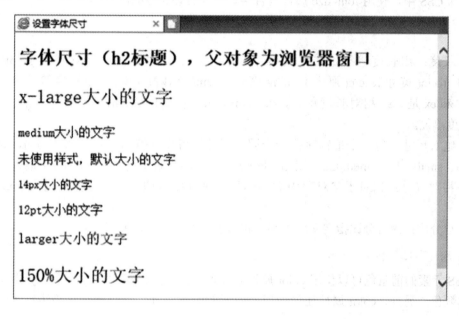

图 4-1-3

部分代码如下：

```
<head>
<title> 设置字体尺寸 </title>
<style type="text/css">
.fs1{font-size:x-large;}
.fs2{font-size:medium;}
.fs3{font-size:14px;}
.fs4{font-size:12pt;}
.fs5{font-size:larger;}
.fs6{font-size:150%;}
</style>
</head>
<body>
<h2> 字体尺寸 (h2 标题 )，父对象为浏览器窗口 </h2>
<p class="fs1">x-large 大小的文字 </p>
<p class="fs2">medium 大小的文字 </p>
<p> 未使用样式，默认大小的文字 </p>
<p class="fs3">14px 大小的文字 </p>
<p class="fs4">12pt 大小的文字 </p>
```

```
<p class="fs5">larger 大小的文字 </p>
<p class="fs6">150% 大小的文字 </p>
</body>
```

HTML5 之前，在 HTML 中设置字体尺寸使用 <font> 标签，它有大小 7 个级别的字号，具有很大的局限性。而在 HTML5 中，摒弃了 <font> 标签，将字体大小交由 CSS 来设置。在 CSS 中，使用 font-size 属性设置字体大小。该属性的用法如下：

font-size: 长度 | 绝对尺寸 | 相对尺寸 | 百分比；

其中：

● 长度：用长度值指定文字大小，不允许负值。长度单位有 px(像素)、pt(点)、pc(皮卡)、in(英寸)、cm(厘米)、mm(毫米)、em(字体高) 和 ex(小写字符 x 的高度)。px、em 和 ex 是 CSS 相对长度单位，in、cm、mm、pt(1pt=1/72in) 和 pc(1pc=12pt) 是 CSS 绝对长度单位。

● 绝对尺寸：每一个值都对应一个固定尺寸，可以取值为 xx-small(最小)、x-small(较小)、small(小)、medium(正常)、large(大)、x-large(较大) 和 xx-large(最大)。

● 相对尺寸：相对于父对象中的字体尺寸进行相对调节，可选参数值为 smaller 和 larger。

● 百分比：用百分比指定文字大小，相对于父对象中字体的尺寸。

3. 定义字体颜色

CSS 元素的前景色可以使用 color 属性来设置。在 HTML 表现中，前景色一般是元素文本的颜色。另外，color 属性还能应用到元素的所有边框，除非被其他的边框颜色属性覆盖。

【例 4-3】 设置字体颜色，效果如图 4-1-4 所示。

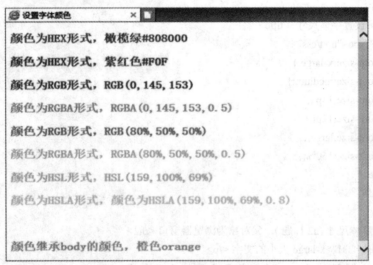

图 4-1-4

部分代码如下：

```
<head>
<style type="text/css">
```

```
body{
    color:orange;                              /* color_name */
    font-weight:bold;                          /* 字体加粗 */
    font-size:18px;                            /* 字体大小 */
}
.hex1{ color:#808000; }                        /* HEX #RRGGBB 形式 */
.hex2{ color:#F0F;}                            /* HEX,#RGB 形式 */
.rgb1{color:RGB(0,145,153);}                   /* RGB */
.rgba1{color:RGBA(0,145,153,0.5);}             /* RGBA */
.rgb2{color:RGB(80%,50%,50%);}                 /* RGB */
.rgba2{color:RGBA(80%,50%,50%,0.5);}           /* RGBA */
.hsl{color:HSL(159,100%,69%);}                 /* HSL */
.hsla{color:HSLA(159,100%,69%,0.8);}           /* HSLA */
.trans{color:transparent;}                     /* transparent */
</style>
</head>


<body>
<p class="hex1"> 颜色为 HEX 形式，橄榄绿 #808000</p>
<p class="hex2"> 颜色为 HEX 形式，紫红色 #F0F</p>
<p class="rgb1"> 颜色为 RGB 形式，RGB(0,145,153)</p>
<p class="rgba1"> 颜色为 RGBA 形式，RGBA(0,145,153,0.5)</p>
<p class="rgb2"> 颜色为 RGB 形式，RGB(80%,50%,50%)</p>
<p class="rgba2"> 颜色为 RGBA 形式，RGBA(80%,50%,50%,0.5)</p>
<p class="hsl"> 颜色为 HSL 形式，HSL(159,100%,69%)</p>
<p class="hsla"> 颜色为 HSLA 形式，颜色为 HSLA(159,100%,69%,0.8)</p>
<p class="trans"> 颜色为 transparent 完全透明 </p>
<p> 颜色继承 body 的颜色，橙色 orange</p>
</body>
```

color 属性的用法如下：

    color : color_name | HEX | RGB | RGBA | HSL | HSLA | transparent ;

其中：

- color_name：颜色英文名称。例如，green 表示绿色、red 表示红色、gold 表示金色。
- HEX：颜色的十六进制表示法，所有浏览器都支持 HEX 表示法。

该方法对红、绿和蓝三种光 (RGB) 的十六进制表示法进行定义，使用三个双位数来编写，以 # 号开头，基本形式为 #RRGGBB，其中的 RR(红光)、GG(绿光)、BB(蓝光) 十六进制规定了颜色的成分，所有值必须介于 00 到 FF 之间，也就是说对每种光源设置的最低值是 0(十六进制 00)，最高值是 255(十六进制 FF)。例如，绿色表示为 #00FF00、红色表示为 #FF0000、金色表示为 #FFD700。

值得注意的是，在此表示方式中，如果每两位颜色值相同，则可以简写为 #RGB 形式，如 #F00 也表示红色。

- RGB：用 RGB 函数表示颜色。所有浏览器都支持该方法。RGB 颜色值规定形式为

RGB(red,green,blue)。

red、green 和 blue 分别表示红、绿、蓝光源的强度，取值范围可以是 0 ～ 255 之间的整数，或者是 0%～100% 之间的百分比值。例如，RGB(255,0,0) 和 RGB(100%,0%,0%) 都表示红色。

● RGBA：RGBA 颜色值是 CSS3 新增的表示方式，形式为 RGBA(red,green,blue,alpha)。

此色彩模式与 RGB 相同，是 RGB 颜色的扩展，新增了 A 表示不透明度，A 的取值范围为 0.0(完全透明)～1.0(完全不透明) 之间。例如，RGBA(255,0,0,0.5) 表示半透明的红色。

● HSL：HSL 颜色值是 CSS3 新增表示方式，形式为 HSL(hue,saturation,lightness)。

hue(色调) 指色盘上的度数，取值范围为 0～360(0 或 360 是红色，120 是绿色，240 是蓝色)；saturation(饱和度) 的取值范围为 0%～100%(0% 是灰色，100% 是全彩)；lightness(亮度) 的取值范围为 0%～100%(0% 是黑色，100% 是白色)。例如，HSL(120,100%,100%) 表示绿色。

● HSLA：HSLA 色彩记法是 CSS3 新增表示方式，形式为 HSL(H,S,L,A)。

此色彩模式与 HSL 相同，只是在 HSL 模式的基础上新增了不透明度 Alpha。例如，HSL(120,100%,100%,0.5) 表示半透明的绿色。

● transparent：透明。

4. 定义字体粗细

【例 4-4】 设置字体粗细，效果如图 4-1-5 所示。

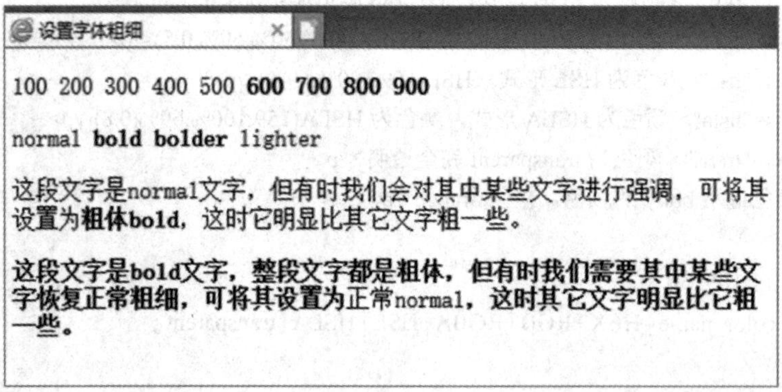

图 4-1-5

部分代码如下：

```
<head>
<style type="text/css">
.fw1{font-weight:100;}
.fw2{font-weight:200;}
.fw3{font-weight:300;}
.fw4{font-weight:400;}
.fw5{font-weight:500;}
.fw6{font-weight:600;}
```

```
.fw7{font-weight:700;}
.fw8{font-weight:800;}
.fw9{font-weight:900;}
.fw10{font-weight:normal;}
.fw11{font-weight:bold;}
.fw12{font-weight:bolder;}
.fw13{font-weight:lighter;}
</style>
</head>
<p>
    <span class="fw1">100</span>
    <span class="fw2">200</span>
    <span class="fw3">300</span>
    <span class="fw4">400</span>
    <span class="fw5">500</span>
    <span class="fw6">600</span>
    <span class="fw7">700</span>
    <span class="fw8">800</span>
    <span class="fw9">900</span>
</p>
<p>
    <span class="fw10">normal</span>
    <span class="fw11">bold</span>
    <span class="fw12">bolder</span>
    <span class="fw13">lighter</span>
</p>
<p class="fw10">
```

这段文字是 normal 文字，但有时我们会对其中某些文字进行强调，可将其设置为 <span class="fw11"> 粗体 bold</span>，这时它明显比其它文字粗一些。

```
    </p>
<p class="fw11">
```

这段文字是 bold 文字，整段文字都是粗体，但有时我们需要其中某些文字恢复正常粗细，可将其设置为 <span class="fw13"> 正常 normal</span>，这时其它文字明显比它粗一些。

```
    </p>
```

CSS 使用 font-weight 属性来定义字体粗细，该属性的用法如下：

font-weight:normal | bold | bolder | lighter | 100 | 200 | … | 900;

其中：

- normal：正常的字体，相当于数字值 400。
- bold：粗体，相当于数字值 700。
- bolder：定义比继承值更重的值。
- lighter：定义比继承值更轻的值。
- 100 ~ 900：用数字表示字体粗细。

5. 定义斜体字体

【例 4-5】 设置字体风格为文字倾斜，效果如图 4-1-6 所示。

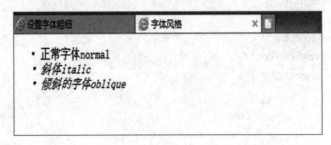

图 4-1-6

部分代码如下：

```
<!DOCTYPE html>
<html>
<head>
<title> 字体风格 </title>
<style type="text/css">
.fs1{font-style:normal;}
.fs2{font-style:italic;}
.fs3{font-style:oblique;}
</style>
</head>
<body>
<ul>
    <li class="fs1"> 正常字体 normal</li>
    <li class="fs2"> 斜体 italic</li>
    <li class="fs3"> 倾斜的字体 oblique</li>
</ul>
</body>
</html>
```

CSS 使用 font-style 属性来定义字体风格，该属性的用法如下：

font-style：normal | italic | oblique；

其中：normal 表示默认值，即正常的字体；italic 表示斜体；oblique 表示倾斜的字体。

6. 定义字体大小写

【例 4-6】 在页面中显示大小写字母，效果如图 4-1-7 所示。

图 4-1-7

部分代码如下：

```
<style type="text/css">
.fv1{font-variant:normal;}
.fv2{font-variant:small-caps;}
</style>
</head>
<body>
<p class= "fv1">Gone with the Wind</p>
<p class= "fv2">Gone with the Wind</p>
</body>
```

CSS 使用 font-variant 属性来定义字体大小写，该属性的用法如下：

font-variant:normal | small-caps;

其中：normal 表示默认值，即正常的字体；small-caps 表示小型的大写字母字体。

三、案例实现

参考代码如下：

```
<!DOCTYPE html>
<html>
    <head>
        <meta charset="UTF-8">
        <title> 文字网页 </title>
    </head>
    <body>
        <h2 align="center"> 唐诗欣赏 </h2>
        <hr color=red size="2" width="100%">
        <p align="center"><b><font size="3"> 望庐山瀑布 </font></b></p>
        <p align="center"><font size="2"> 李白 </font></p>
        <p align="center">
            日照香炉生紫烟，</br>
            遥看瀑布挂前川。</br>
            飞流直下三千尺，</br>
            疑是银河落九天。</br>
                </p>
                <hr color=red size="2" width="100%">
                <p><b>【简析】</b></p>
                <p> 这首诗形象地描绘了庐山瀑布雄奇壮丽的景色，反映了诗人对祖国
大好河山的无限热爱。
```

首句"香炉"是指庐山的香炉峰。此峰在庐山西北，形状尖圆，像座香炉。由于瀑布飞泻，水汽蒸腾而上，在丽日照耀下，仿佛有座顶天立地的香炉冉冉升起了团团紫烟。一个"生"字把烟云冉冉上升的景象写活了。

次句"遥看瀑布"四字照应了题目《望庐山瀑布》。"挂前川"是说瀑布像一条巨大的白练从悬崖直挂到前面的河流上。"挂"字化动为静，惟妙惟肖地写出遥望中的瀑布。

第三句是从近处细致地描写瀑布。"飞流"表现瀑布凌空而出，喷涌飞泻。"直下"既写

出岩壁的陡峭，又写出水流之急。"三千尺"极力夸张，写山的高峻。

　　第四句说这"飞流直下"的瀑布，使人怀疑是银河从九天倾泻下来。一个"疑"，用得空灵活泼，若真若幻，引人遐想，增添了瀑布的神奇色彩。

```
</p>
<hr color=red size="2" width="50%" align="left">

<address> 仅供学习交流使用 &copy; 宜春职业技术学院 </address>
    </body>
</html>
```

4.2　设计文本样式

设计文本样式

一、案例导入

　　中华汉字的魅力蕴藏着东方文明的璀璨渊博，文化的自信来源于坚实的民族信仰！笔尖上的文化，传递着心灵的沟通，传承着中华文化的命脉。

　　本案例主要通过设计文本的字体、字号、首行缩进、文字行高、字符间距、文本对齐方式等样式，完成如图 4-2-1 所示的页面效果。

图 4-2-1

　　本案例主要内容包括：突出显示的标题、导航条、正文内容以及被文字环绕的图像、页脚等。

完成本案例需要进行如下操作：

(1) 背景色和不同部分前景色的设置。

(2) 页眉部分的标题文字居中显示，且具备一定的字符间距以及阴影。

(3) 导航部分连接没有下划线。

(4) 正文部分文字采用统一的行高、颜色和缩进，图像浮动在左边。

(5) 页脚部分文字用灰色略小文字显示，并设置居中。

(6) 各部分内容之间用水平线分隔。

二、知识点导入

1. 定义文本水平对齐

【例 4-7】　设置水平对齐方式，效果如图 4-2-2 所示。

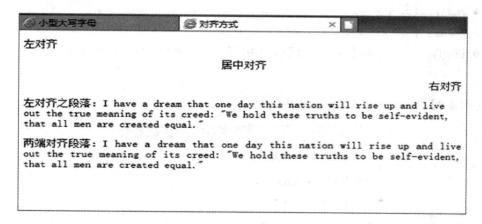

图 4-2-2

部分代码如下：

```
<head>
<title> 对齐方式 </title>
<style type="text/css">
p{ font-size:14px; }
.ta1{ text-align:left;}
.ta2{ text-align:center;}
.ta3{ text-align:right;}
.ta4{ text-align:justify;}
</style>
</head>

<body>
<p class="ta1"> 左对齐 </p>
<p class="ta2"> 居中对齐 </p>
<p class="ta3"> 右对齐 </p>
<p class="ta1">
```

左对齐之段落：I have a dream that one day this nation will rise up and live out the true meaning of its creed: "We hold these truths to be self-evident, that all men are created equal."

</p>

<p class="ta4">

两端对齐段落：I have a dream that one day this nation will rise up and live out the true meaning of its creed: "We hold these truths to be self-evident, that all men are created equal."

</p>

</body>

CSS 使用 text-align 属性来定义文本的水平对齐方式，该属性的用法如下：

text-align:left | right | center | justify;

其中：

- left：内容左对齐。
- right：内容右对齐。
- center：内容居中对齐。
- justify：内容两端对齐，适用于文字中有空格的情况，例如英文文本。

2. 定义文本垂直对齐

【例 4-8】 设置垂直对齐方式，效果如图 4-2-3 所示。

图 4-2-3

部分代码如下：

```
<head>
<style type="text/css">
p{ font-size:18px;font-weight:bold; }
span{ font-size:13px;}
.va1{ vertical-align:baseline; }
```

```
.va2{ vertical-align:sub; }
.va3{ vertical-align:super; }
.va4{ vertical-align:top; }
.va5{ vertical-align:text-top; }
.va6{ vertical-align:middle; }
.va7{ vertical-align:bottom; }
.va8{ vertical-align:text-bottom; }
.va9{ vertical-align:10px; }
.va10{ vertical-align:20%; }
</style>
</head>

<body>
<p> 参考文字 <span class="va1">baseline 基线对齐 </span></p>
<p> 参考文字 <span class="va2">sub 下标对齐 </span></p>
<p> 参考文字 <span class="va3">super 上标对齐 </span></p>
<p> 参考图文 <img src="images/panda.png" title=" 参考图片 " /><span class="va4">top 顶部对齐
</span></p>
<p> 参考图文 <img src="images/panda.png" title=" 参考图片 " /><span class="va5">text-top 顶端
对齐 </span></p>
<p> 参考文字 <span class="va6">middle 居中对齐 </span></p>
<p> 参考文字 <span class="va7">bottom 底部对齐 </span></p>
<p> 参考文字 <span class="va8">text-bottom 底部对齐 </span></p>
<p> 参考文字 <span class="va9">10px 数值对齐 </span></p>
<p> 参考文字 <span class="va10">20% 数值对齐 </span></p>
</body>
```

CSS 使用 vertical-align 属性来定义文本的垂直对齐方式，该属性的用法如下：

vertical-align : baseline | sub | super | top | text-top | middle | bottom | text-bottom | 百分比 | 长度；

其中：

- baseline：默认值，与基线对齐。
- sub：垂直对齐文本的下标。
- super：垂直对齐文本的上标。
- top：顶端与行中最高元素的顶端对齐。
- text-top：顶端与行中最高文本的顶端对齐。
- middle：垂直对齐元素的中部。
- bottom：底端与行中最低元素的底端对齐。
- text-bottom：底端与行中最低文本的底端对齐。
- 百分比：用百分比指定由基线算起的偏移量，基线为 0%。
- 长度：用长度值指定由基线算起的偏移量，基线为 0。

3. 定义字符间距

【例 4-9】 参考图 4-2-4，完成字符间距的设置。

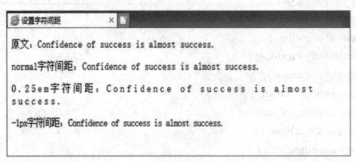

图 4-2-4

部分代码如下：

```
<head>
    <style type="text/css">
    .ls1{letter-spacing: normal;}
    .ls2{letter-spacing:0.25em;}
    .ls3{letter-spacing:-1px;}
    </style>
</head>
<body>
    <p> 原文：Confidence of success is almost success. </p>
    <p class="ls1">normal 字符间距：Confidence of success is almost success. </p>
    <p class="ls2">0.25em 字符间距：Confidence of success is almost success. </p>
    <p class="ls3">-1px 字符间距：Confidence of success is almost success. </p>
</body>
```

CSS 使用 letter-spacing 属性来定义字符间距，该属性的用法如下：

letter-spacing: normal | 长度 | 百分比 ;

其中：

- normal：默认间隔。
- 长度：用长度值指定间隔，可以为负值。
- 百分比：CSS3 新增的属性值，用百分比指定间隔，可以为负值，但目前主流浏览器均不支持百分比属性值。

4. 定义单词间距

【例 4-10】 参考图 4-2-5，完成单词间距的设置。

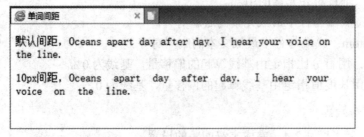

图 4-2-5

部分代码如下：

```
<!DOCTYPE html>
<html>
<head>
<title> 单词间距 </title>
<style type="text/css">
.ws1{word-spacing: normal;}
.ws2{word-spacing:10px;}
</style>
</head>
<body>
<p class="ws1"> 默认间距，Oceans apart day after day. I hear your voice on the line.</p>
<p class="ws2">10px 间距，Oceans apart day after day. I hcar your voice on the line.</p>
</body>
</html>
```

CSS 使用 word-spacing 属性来定义单词间距，该属性的用法如下：

word-spacing: normal | 长度 | 百分比；

其中：

● normal：默认间隔。

● 长度：用长度值指定间隔，可以为负值。

● 百分比：CSS3 新增的属性值，用百分比指定间隔，可以为负值，但目前主流浏览器均不支持百分比属性值。

注意：字符间距和单词间距一般很少使用，使用时应慎重考虑用户的阅读体验和感受。对于中文用户来说，letter-spacing 属性有效，而 word-spacing 属性无效。

5. 定义行高

【例 4-11】 参考图 4-2-6，进行文本行高的设置。

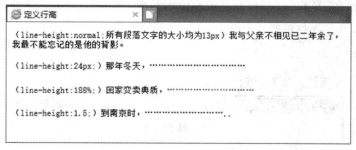

图 4-2-6

部分代码如下：

```
<head>
<style type="text/css">
p{font-size:13px;}
.lh1{ line-height:normal;}
.lh2{ line-height:24px;}
```

```
.lh3{ line-height:188%;}
.lh4{ line-height:1.5;}
</style>
</head>
<body>
<p class="lh1">
```
(line-height:normal; 所有段落文字的大小均为 13px) 我与父亲不相见已二年余了，我最不能忘记的是他的背影。
```
</p>
<p class="lh2">
```
(line-height:24px;) 那年冬天，……………………………………
```
</p>
<p class="lh3">
```
(line-height:188%;) 回家变卖典质，……………………………………
```
</p>
<p class="lh4">
```
(line-height:1.5;) 到南京时，…………………………………..
```
</p>
</body>
```

行高也称为行距，是段落文本行与文本行之间的距离。CSS 使用 line-height 属性来定义行高，该属性的用法如下：

line-height: normal | 长度 | 百分比 | 数值 ;

其中：

- normal：默认行高。
- 长度值：用长度值指定行高，不允许为负值。如 "line-height:18px" 设定行高为 18 px。
- 百分比：用百分比指定行高，其百分比取值是基于字体的高度尺寸。如 "line-height:150%" 设定行高为字体尺寸的 150%，即 1.5 倍行距。
- 数值：用乘积因子指定行高，不允许为负值。如 "line-height:2" 设定行高为字体大小的 2 倍，相当于 2 倍行距。

6. 定义缩进

【例 4-12】 参考图 4-2-7，进行文本缩进的设置。

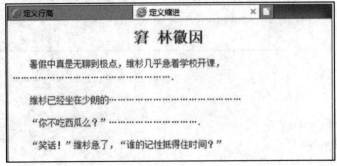

图 4-2-7

部分代码如下：

```
<head>
<style type="text/css">
body{
    color:#035ee5;
}
h1{
    font-size:24px;
    text-align:center;
}
p{
    font:14px/22px 宋体 ;
    text-indent:2em;
}
</style>
</head>
<body>
<h1> 窘 林徽因 </h1>
<p>
暑假中真是无聊到极点，维杉几乎急着学校开课,………………………………………….
</p>
<p>
维杉已经坐在少朗的……………………………
</p>
<p>
"你不吃西瓜么？"…………………………….
</p>
<p>
"笑话！"维杉急了,"谁的记性抵得住时间？"
</p>
</body>
```

CSS 使用 text-indent 属性来定义首行缩进，该属性的用法如下：

text-indent: [长度值 | 百分比] && hanging? && each-line?;

其中：

● 长度值：用长度值指定文本的缩进，可以为负值。如"text-indent:2em"表示缩进两个字体高。

● 百分比：用百分比指定文本的缩进，可以为负值。如"text-indent:20%"。

● hanging：CSS3 新增的属性值，反向所有被缩进作用的行。

● each-line：CSS3 新增的属性值，定义缩进作用在块容器的第一行或者内部的每个强制换行的首行。

each-line 和 hanging 关键字跟随在缩进数值之后，以空格分隔，如"div{text-indent:2em each-line;}"表示 div 容器内部的第一行及每一个强制换行都有 2 em 的缩进。

三、案例实现

参考代码如下：

```
<!DOCTYPE html>
<html>
    <head>
        <title> 荷塘月色 </title>

    </head>
    <link rel="stylesheet" type="text/css" href="./ 案例荷塘月色 .css"/>
    <body>
        <!-- 页眉部分 -->
        <header>
            <h1> 荷塘月色 - 朱自清 </h1>
        </header>
        <hr noshade="noshade" size="2"/>

        <!-- 导航部分 -->
        <nav>
            <ul>
                <li class="listyle"><a href="#"> 首页 </a></li>
                <li class="listyle"><a href="#"> 毁灭 </a></li>
                <li class="listyle"><a href="#"> 背影 </a></li>
                <li class="listyle"><a href="#"> 你我 </a></li>
                <li class="listyle"><a href="#"> 匆匆 </a></li>
            </ul>
        </nav><br>
        <hr noshade="noshade" size="2"/>

        <!-- 正文部分 -->
        <section>
            <img src="img/ 荷花 .jpg" />
            <p>
                这几天心里颇不宁静。今晚在院子里坐着乘凉，忽然想起日日走过的荷塘，
        在这满月的光里，总该另有一番样子吧。月亮渐渐地升高了，墙外马路上孩子们的欢笑，已
        经听不见了；妻在屋里拍着闰儿，迷迷糊糊地哼着眠歌。我悄悄地披了大衫，带上门出去。
            </p>
            <p>
                沿着荷塘，是一条曲折的小煤屑路。这是一条幽僻的路；白天也少人走，夜
        晚更加寂寞。荷塘四面，长着许多树，蓊蓊郁郁的。路的一旁，是些杨柳，和一些不知道名字
        的树。没有月光的晚上，这路上阴森森的，有些怕人。今晚却很好，虽然月光也还是淡淡的。
```

```
        </p>
        <p>
            路上只我一个人，背着手踱着。这一片天地好像是我的；我也像超出了平
常的自己，到了另一个世界里。我爱热闹，也爱冷静；爱群居，也爱独处。像今晚上，一个
人在这苍茫的月下，什么都可以想，什么都可以不想，便觉是个自由的人。白天里一定要做
的事，一定要说的话，现
        在都可不理。这是独处的妙处，我且受用这无边的荷香月色好了。
        </p>
        <p>
            曲曲折折的荷塘上面，弥望的是田田的叶子。叶子出水很高，像亭亭的舞
女的裙。层层的叶子中间，零星地点缀着些白花，有袅娜地开着的，有羞涩地打着朵儿的；
正如一粒粒的明珠，又如碧天里的星星，又如刚出浴的美人。微风过处，送来缕缕清香，仿
佛远处高楼上渺茫的歌声似的。这时候叶子与花也有一丝的颤动，像闪电般，霎时传过荷塘
的那边去了。叶子本是肩并肩密密地挨着，这便宛然有了一道凝碧的波痕。叶子底下是脉脉
的流水，遮住了，不能见一些颜色；而叶子却更见风致了。
        </p>
        <p>
            ...
        </p>
    </section>
    <hr noshade="noshade" size="2"/>


    <!-- 页脚部分 -->
    <footer>
        <p> 仅供学习交流使用 </p>
        <p> 文章来自朱自清文集：背影 </p>
    </footer>
</body>
</html>
```

CSS 样式代码如下：

```
/* 背景 */
body {
    margin: 0 auto;
    padding: 0;
    background-color: black;
    width: 80%;
}

/* 标题 */
h1 {
```

```
        text-align: center;
        color: #fbfdfc;
        font-family: ' 微软雅黑 ';
        text-shadow:5px 4px 3px #BBB55A;
}

/* 导航 */
ul {
        list-style: none;
        margin-left: -30px;
}

a {
        float: left;
        margin-right: 20px;
        color: #bbb55a;
        text-decoration: none;
}

/* 正文 */
img {
        float: left;
        margin-right: 20px;
        margin-bottom: 20px;
}

section p{
        text-indent: 2em;
        line-height: 2em;
        color: white;
}

/* 页脚 */
footer p {
        text-align: center;
        color:floralwhite;
}
```

 4.3 案例实战——文本页面的排版

　　文本是组成网页的基本元素，掌握文本的排版在网页设计中十分重要。对文本进行个性化的排版，可以增强网页的趣味性，提升用户体验感。

文本页面的排版

一、设计要求

参考案例效果图 4-3-1 为文本设计版式。通过本案例的学习可以掌握段落样式、文字样式的基本操作。

图 4-3-1

二、设计分析

(1) 定义网页基本属性。定义背景色为白色，字体为黑色，字体大小为 14 px，字体为宋体。

(2) 定义标题居中显示，适当调整标题底边距，统一为一个字距。

(3) 为二级标题定义一个下划线，并调暗字体颜色为 #999，字体大小为 1.4 em。

(4) 定义段落文本样式，统一清除段落间距为 0，定义行高为 1.8 倍字体大小。

(5) 定义第一文本块中的第一段文本字体颜色为深灰色 #444，定义第一文本块中的第二段文本右对齐，定义第一文本块中的第一段和第二段文本首行缩进两个字距，同时定义第二文本块的第一段、第二段和第三段文本首行缩进两个字距。

(6) 为第一文本块定义左右缩进 1 字距，设计引题的效果。(选做)

(7) 定义首字下沉效果，使用伪对象:first-letter，下沉格式设置为字体大小 50 px、左侧浮动显示、右侧边距 6 px、首字四周补白 2 px、字体加粗、行距为一个字体大小、黑底白字。

二、设计实现

布局参考代码如下：

```
<body>
    <div id="intro">
        <div id="pageHeader">
            <h1><span>CSS Zen Garden</span></h1>
            <h2><span><u>CSS 设计之美 </u></span></h2>
        </div>
        <div id="quickSummary">
            <p class="p1"><span> 展示以 CSS 技术为基础，并提供超强的视觉冲击力。只要选
择列表中任意一个样式表，就可以将它加载到本页面中，并呈现不同的设计效果。</span></p>
```

```
        <p class="p2"><span> 下载 <a title=" 这个页面的 HTML 源代码不能够被改动。"
href="http://www.csszengarden.com/zengarden-sample.html">HTML 文档 </a> 和 <a
                        title=" 这个页面的 CSS 样式表文件，你可以更改它。"
href="http://www.csszengarden.com/zengarden-sample.css">CSS 文件 </a>。</span></p>
        </div>
        <div id="preamble">
            <h3><span> 启蒙之路 </span></h3>
            <p id="p1"><span> 不同浏览器随意定义标签，导致无法相互兼容的 <acronym
                    title="document object model">DOM</acronym> 结构，或者提供缺
乏标准支持的 <acronym
                    title="cascading style sheets">CSS</acronym> 等陋习随处可见，如
今当使用这些不兼容的标签和样式时，设计之路会一路坎坷。</span></p>
            <p class="p2"><span> 现在，我们必须清除以前为了兼容不同浏览器而使用的一
些过时的小技巧。感谢 <acronym
                    title="world wide web consortium">W3C</acronym>、<acronym
                    title="web standards project">WASP</acronym> 等标准组织，以及浏
览器厂家和开发师们的不懈努力，我们终于能够进入 Web 设计的标准时代。</span>
            </p>
            <p class="p3"><span>CSS Zen
                    Garden( 样式表禅意花园 ) 邀请您发挥自己的想象力，构思一个专业级
的网页。让我们用慧眼来审视，充满理想和激情去学习 CSS 这个不朽的技术，最终使自己能
够达到技术和艺术合而为一的最高境界。</span>
            </p>
        </div>
    </div>
</body>
```

CSS 参考代码如下：

```css
#intro {
    color: #000;
    font-size: 14px;
    font-family: " 宋体 ";
}

#pageHeader {
    text-align: center;
}

#pageHeader u {
    color: #999;
    font-size: 1.4em;
}

#quickSummary .p1 {
```

```css
        text-indent: 2em;
        color: #444;
}

#quickSummary .p2 {
        margin-left: 1000px;
}

.p2 a {
        color: #000000;
}

#preamble h3 {
        text-align: center;
        font-weight: 800;
}

.p1 {
        text-indent: 4em;
}

#p1:first-letter {
        float: left;
        font-size: 30px;
        text-align: center;
        color: white;
        font-weight: 700;
        background-color: black;
}

#preamble .p3 {
        text-indent: 2em;
}
```

第5章 设计图像样式

图片是网页中不可缺少的内容，它能使页面更加丰富多彩，能让人更直观地感受网页所要传达给浏览者的信息。本章将详细介绍 CSS 设置图片风格样式的方法，使用 CSS 可以更加方便地控制图像显示，设计各种特殊效果。

本章要点：

◎ 掌握在网页中设置图像的基本格式；
◎ 掌握使用 CSS 设置图像的基本样式；
◎ 掌握使用 CSS 定义背景图像。

 5.1 网页中的图像

图像是网页中不可缺少的元素，它可以美化网页，使网页看起来更加美观大方。使用 img 元素，就可以在 Web 页面轻松添加图像。img 是 image 的缩写。从技术上讲，<img> 标签并不会在网页中插入图像，而是从网页上链接图像。

<img> 标签创建的是被引用的各种格式的图像所占用的空间。

一、案例导入

中国的文化和美丽山水从来都是统一体，没有骚人墨客不行，没有青山绿水更不行，这就是美丽中国。的确如此，一个丰富的网页不光要有文字，还要有大量的图片，图片可以美化网页，使网页更加美观大方。

下面将具体学习页面中可以插入哪些图形对象，以及如何插入图形对象，效果如图 5-1-1 所示。

图 5-1-1

本案例主要内容包括：插入图像资源属性、图像替代文本、设置图像的高度和宽度等。完成本案例需要进行如下操作：

(1) 标题文字设置为一级标题。

(2) 在 <img> 标签中用 src 属性正确插入图像。

(3) 使用 alt 属性为图像添加描述性文字。

(4) 用 height 和 width 属性设置图片的高度和宽度。

二、知识点导入

当前，Web 上应用最广泛的三种图像格式是 JPG(JPEG)、GIF 和 PNG。

1. JPG 格式

JPG 是一种比较常用的图片格式，它是一种经过压缩的、有损图片格式，其图片文件的后缀名为 .jpg 或者 .jpeg。这种图片格式经过了压缩，体积小，传播比较方便，但也正因为此，在后期处理的时候可以调整的幅度也比较小。其他格式的图片转换为 .jpg 照片，只需使用 Windows 系统自带的画图软件将其打开，然后选择"另存为"，将选择路径选项窗口下面的文件类型选为".jpg"即可。

2. GIF 格式

GIF 格式指的是图像交换格式 (Graphics Interchange Format，GIF)，该格式最初是由 CompuServe 为其在线服务用户传输图像而开发的。GIF 格式有很多特性，因此在 HTML/XHTML 中十分普及。

GIF 格式采用了一种特殊的压缩技术，可以显著减小图像文件的大小，从而得以在网络上更快地进行传输。GIF 压缩是"无损"压缩，也就是说，图像中原来的数据都不会发生改变或丢失，所以解压缩并解码后的图像与原来的图像完全一样。此外，GIF 图像还非常容易实现动画效果。

3. PNG 格式

PNG 是一种采用无损压缩算法的位图格式，其设计目的是试图替代 GIF 和 TIFF 文件格式，同时增加一些 GIF 文件格式所不具备的特性。PNG 使用从 LZ77 派生的无损数据压缩算法，一般应用于 Java 程序、网页或 S60 程序中，原因是它压缩比高，生成文件体积小。

【例 5-1】　参考图 5-1-2 在页面中插入图片。

图 5-1-2

布局代码如下：

```
<img  src=img/001.jpg width="240">
    <comment> 使用绝对路径指定图像路径 </comment>
    <img src= D:/ 程序代码 /9/img/002.jpg width="240">
```

图像资源属性，即 <img> 标签中的 src 属性。在 <img> 标签中 src 属性是不能缺省的。其基本语法如下：

```
<img src="url" />
```

【例 5-2】 当图片对象无法加载时，显示替代图像文本内容，效果如图 5-1-3 所示。

图 5-1-3

布局代码如下：

```
<img src="images/image6.jpg" alt=" 图片不存在 "/>
```

图像替代文本，即 alt 属性。使用 alt 属性，可以为图像添加一段描述性文本，当图像不能正常显示或鼠标指向图片并暂停在图片上时，会显示替代文本。其基本语法如下：

```
<img src="url" alt=" 替代文本 " />
```

三、案例实现

HTML 代码如下：

```
<!DOCTYPE html>
<html>
<head>
    <title> 图像的应用 </title>
</head>
<body>
    <h1> 风景图片 </h1>
    <img src="images/image6.jpg" alt=" 图片不存在 "/>
    <img src="images/image2.jpg" alt=" 图片原始尺寸 "/>
    <img src="images/image3.jpg" alt=" 规定宽度，高度自动等比例变化 " width="300" />
    <img src="images/image4.jpg" alt=" 规定宽度和高度 " width="300" height="305" />

</body>
</html>
```

5.2 图像基本样式

图像的基本样式

一、案例导入

一个国家要自立于世界民族之林，既要有雄厚的经济实力，又要有强大的国防力量做后盾。军队是一个国家稳定的重要保障，也是一个民族抵御外侮的坚实壁垒。一个强大的国家必然要有一支强大的军队作为支撑，因此实现强军梦，拥有强大的国防和军事力量，对于实现中华民族伟大复兴是不可或缺的。如图 5-2-1 所示为一张战斗胜利沙画，通过这幅画来完成图像基本样式的处理。

图 5-2-1

完成本案例需要进行如下操作：

(1) 设置两个容器盒子 div，分别放置两张相同的图片。

(2) 对容器盒子设计样式，设置定位，前后层叠摆放。

(3) 修改其中一张图像的大小，设置透明度，并调整位置，放置在不透明图片的右后方，模拟水印效果。

(4) 设置图像边框、圆角样式。

二、知识点导入

1. 定义图像大小

<img> 标签包含 width 和 height 属性，使用它们可以控制图像的大小，在标准网页设计中这两个属性依然可以用。不过，CSS 提供了更符合标准设计的 width 和 height 属性，使用这两个属性可以构造更符合结构和表现相分离的应用。

【例 5-3】 定义图片对象的 width 和 height 属性，固定图像的宽与高，效果如图 5-2-2 所示。

图 5-2-2

布局代码如下：

```
<img src=img/001.jpg width="300">
<img src=img/001.jpg width="50%">
```

图像的宽高，即 width 和 height 属性。其基本语法如下：

```
<img src="url" width=" 像素 | 百分比 " height=" 像素 | 百分比 " />
```

【拓展】 在控制网页图像的显示大小时，有几个问题需要注意：

(1) 使用 <img> 标签的宽、高属性来定义图像大小存在很多局限性。一方面是因为它不符合结构和表现的分离原则；另一方面使用标签属性定义图像大小只能够使用像素单位 (可以省略)。而使用 CSS 属性，可以自由选择任何相对和绝对单位。

(2) 当图像大小取值为百分比时，浏览器将根据图像包含框的宽和高进行计算。

(3) 当为图像仅定义宽度或高度时，则浏览器能够自动调节纵横比，使宽和高能够协调缩放，避免图像变形。但是一旦同时为图像定义了宽和高，则浏览器只能够根据显式定义的宽和高来解析图像。

2. 定义图像边框样式

图像在默认状态下是不会显示边框的，但在为图像定义超链接时会自动显示 2～3 像素宽的蓝色粗边框。使用 border 属性可以清除这个边框，语法如下：

```
img{           /* 清除图像边框 */
    border:none;}
```

下面分别讲解图像边框的样式、颜色和粗细的详细用法。

【例 5-4】 设置如图 5-2-3 所示的边框样式。

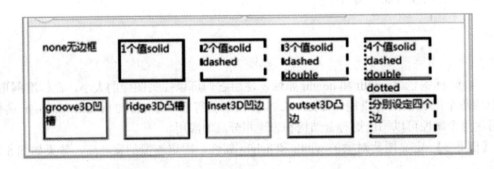

图 5-2-3

布局参考代码如下：

```
<div id="bs1">none 无边框 </div>
<div id="bs2">1 个值 solid</div>
<div id="bs3">2 个值 solid dashed</div>
<div id="bs4">3 个值 solid dashed double</div>
<div id="bs5">4 个值 solid dashed double dotted</div>
<div id="bs6">groove3D 凹槽 </div>
<div id="bs7">ridge3D 凸槽 </div>
```

```
<div id="bs8">inset3D 凹边 </div>
<div id="bs9">outset3D 凸边 </div>
<div id="bs10"> 分别设定四个边 </div>
```

CSS 参考代码如下：

```
<style type="text/css">
div{
    width:80px;
    height:50px;
    margin:10px;          /* 外边距 */
    float:left;           /* 左边浮动 */
    font-size:13px;
}
#bs1{ border-style:none; }
#bs2{ border-style:solid; }
#bs3{ border-style:solid dashed;}
#bs4{ border-style:solid dashed double; }
#bs5{ border-style:solid dashed double dotted; }
#bs6{ border-style:groove; }
#bs7{ border-style:ridge; }
#bs8{ border-style:inset; }
#bs9{ border-style:outset; }
#bs10{
    border-top-style:solid;
    border-right-style:dashed;
    border-bottom-style:double;
    border-left-style:dotted;
}
</style>
```

border-style 属性用来控制对象的边框样式，可同时设定一个或多个边框样式。另外还有四个分属性 border-top-style、border-right-style、border-bottom-style 和 border-left-style，分别对应上、右、下、左四个边的边框样式。其基本语法如下：

```
border-style: 样式值 {1,4};
border-top-style: 样式值 ;
border-bottom-style: 样式值 ;
border-left-style: 样式值 ;
border-right-style: 样式值 ;
```

样式值如表 5-2-1 所示。

表 5-2-1 样 式 值

关键字	说 明
none	无轮廓，默认值。同时 border-color 将被忽略，border-width 值为 0，除非用 border 边框
hidden	隐藏边框
dotted	点状轮廓。IE6 下显示为 dashed 效果
dashed	虚线轮廓
solid	实线轮廓
double	双线轮廓。两条单线与其间隔的和等于指定的 border-width 值
groove	3D 凹槽轮廓
ridge	3D 凸槽轮廓
inset	3D 凹边轮廓
outset	3D 凸边轮廓

3. 定义图像边框颜色和宽度

使用 CSS 的 border-color 属性可以定义边框的颜色，颜色取值可以是任何有效的颜色表示法。使用 border-width 可以定义边框的粗细，取值可以是任何长度单位，但不能使用百分比单位。

【例 5-5】 为各边框设计如图 5-2-4 所示的边框颜色。

图 5-2-4

CSS 参考代码如下：

```
#bc1{
    border-style:groove;
    border-color:#81409A;
}

#bc2{ border-color:#81409A #B7D5EF; }
#bc3{ border-color:#81409A #B7D5EF #B6CE44; }
#bc4{ border-color:#81409A #B7D5EF #B6CE44 #FDDA04; }
#bc5{
    border-top-color:#81409A;
    border-right-color:#B7D5EF;
    border-bottom-color:#B6CE44;
    border-left-color:#FDDA04;;}
```

基本语法如下：

```
border-color: 颜色值 {1,4};
border-top-color: 颜色值 ;
border-right-color: 颜色值 ;
border-bottom-color: 颜色值 ;
border-left-color: 颜色值 ;
```

语法说明：

颜色值可以是任何合法的 CSS 颜色值。

border-top-color、border-right-color、border-bottom-color 和 border-left-color 属性只能有 1 个值。

border-color 的值可以是 1 ～ 4 个，中间以空格分隔。如果只提供 1 个值，则将用于全部的 4 个边框；如果提供 2 个值，则第 1 个用于上、下边框，第 2 个用于左、右边框；如果提供 3 个值，则第 1 个用于上边框，第 2 个用于左、右边框，第 3 个用于下边框；如果提供全部 4 个值，则将按照上、右、下、左的顺序作用于 4 个边框。

【例 5-6】 参考图 5-2-5 完成边框厚度的设计。

CSS 参考代码如下：

```
border-top-width:2px;
border-right-width:4px;
border-bottom-width:6px;
border-left-width:8px;
```

基本语法如下：

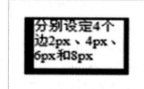

图 5-2-5

```
border-width: 厚度值 {1,4};
border-top-width: 厚度值 ;
border-right-width: 厚度值 ;
border-bottom-width: 厚度值 ;
border-left-width: 厚度值 ;
```

语法说明：

厚度值可以是长度或关键字，关键字可以是 medium、thin 和 thick，分别表示中等厚度的边框、细边框和粗边框。

border-top-width、border-right-width、border-bottom-width 和 border-left-width 属性只能有 1 个值。

border-width 的值可以是 1～4 个，中间以空格分隔。如果只提供 1 个值，则将用于全部的 4 个边框；如果提供 2 个值，则第 1 个用于上、下边框，第 2 个用于左、右边框；如果提供 3 个值，则第 1 个用于上边框，第 2 个用于左、右边框，第 3 个用于下边框；如果提供全部 4 个值，则将按照上、右、下、左的顺序作用于 4 个边框。

CSS 为方便控制对象的边框样式，提供了众多属性。这些属性从不同方位和不同类型定义元素的边框，如上面所提到的 border-style、border-color、border-width，这些属性均可快速定义各边的样式形态，注意属性的取值顺序为顶部→右侧→底部→左侧。如果各边样式相同，则使用 border 会更方便设计。

4. 定义图像圆角边框

CSS3 新增了 border-radius 属性，使用它可以设计圆角样式。

【例 5-7】 参考图 5-2-6 设计使用圆角边框。

分别设置4个角：
左上右上10px
左下右下20px

图 5-2-6

CSS 参考代码如下：

```
border-top-left-radius:10px;
border-top-right-radius:10px;
border-bottom-right-radius:20px;
border-bottom-left-radius:20px;
```

基本语法如下：

```
border-top-left-radius: [ 水平半径 ] [ 垂直半径 ];
border-top-right-radius: [ 水平半径 ] [ 垂直半径 ];
border-bottom-right-radius: [ 水平半径 ] [ 垂直半径 ];
border-bottom-left-radius: [ 水平半径 ] [ 垂直半径 ];
```

语法说明：

border-top-left-radius、border-top-right-radius、border-bottom-right-radius、border-bottom-left-radius，分别设置对象左上角、右上角、右下角和左下角的圆角样式。

属性值可以是长度值或百分比，表示圆角的水平和垂直半径，如果数值为 0 则表示是直角边框。

提供 2 个参数，2 个参数以空格分隔，第 1 个参数表示水平半径，第 2 个参数表示垂直半径，如果第 2 个参数省略，则默认等于第 1 个参数。

5. 定义图像透明度

在 CSS3 中，使用 opacity 属性可以设计图像的透明度。

【例 5-8】 参考图 5-2-7 设置背景图片的透明度。

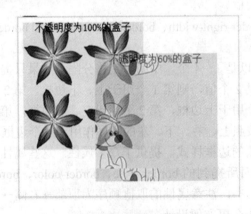

图 5-2-7

CSS 参考代码如下：

```
width:200px;
    height:200px;
    text-align:center;
    margin:-150px 0 0 120px;
    background:url;
    opacity:0.6;    /* 透明度 60%*/
```

基本语法如下：

```
opacity: 0~1;
```

语法说明：

opacity 使用浮点数指定对象的透明度，值被约束在 [0.0,1.0] 范围内，如果超过了这个范围，其计算结果将截取到与之最相近的值。

三、案例实现

参考布局代码如下：

```
<body>
    <div class="tp1"><img src="img/01.jpg" width="800" height="333"></div>
    <div class="tp2"><img src="img/01.jpg"></div>
</body>
```

CSS 参考代码如下：

```
<style type="text/css">
    /*div 外框样式 */
    div{
        width: 800px;
        left: 150px;
        top: 130px;
        text-align: center;          /* 文本居中 */
        position: absolute;          /* 绝对定位 */
    }
    /* 图像样式 */
    img{
        border-width: 10px;
        border-style:groove;          /*3D 凹槽轮廓 */
        border-color:#000;            /* 边框颜色 */
        border-radius: 20px;          /* 边框圆角 */
    }
    .tp1{
        top: 30px;
        left: 510px;
        opacity: 0.2;                 /* 图像透明度 */
    }
</style>
```

5.3　定义背景图像

在标准设计中，背景图像是最主要的页面修饰方法。本节将介绍使用 CSS 控制背景图像的基本方法，认识各种背景图像属性的作用及其相关特性。

定义背景图像

一、案例导入

夏天是一个非常适合喝葡萄酒，特别是与亲朋好友一起享用美酒的季节。本案例主要通过设计背景图像来完成葡萄酒宣传画的整个页面效果，如图 5-3-1 所示。

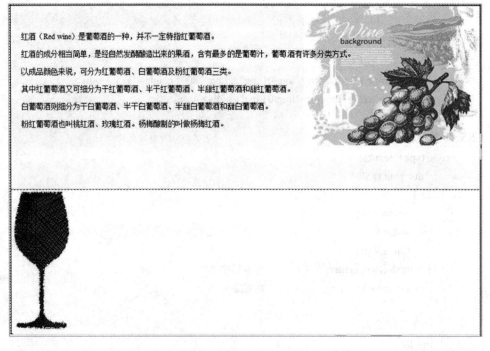

图 5-3-1

本案例主要内容由背景和文字组成，重点在于将背景设置为颜色 #fefddf 和位于右侧不重复的图像 grape1.jpg。

完成本案例需要进行如下操作：

(1) 将文字内容按格式输入，中间换行不换段。

(2) 背景设置为颜色和不重复的图像，图像位于右侧。

二、知识导入

1. 定义背景图像

网页元素除了使用颜色作为背景外，也可以设置背景图像。虽然说图像背景可能会降低网站的加载速度，但是却以其优美的视觉效果受到人们的欢迎。

【例 5-9】　参考图 5-3-2 为页面设置背景图像。

图 5-3-2

参考代码如下：

```
<style type="text/css">
    body{ background-image:url(images/bg1.gif); }      /* 设置页面背景图像 */
</style>
```

background-image 属性的基本语法如下：

```
background-image: none | url( 图像路径 );
```

其中：none 为默认值，表示无背景图；url 表示使用绝对或相对地址指定背景图像。所导入的图像可以是任意类型。但是符合网页显示的格式一般为 GIF、JPG 和 PNG。

【例 5-10】　参考图 5-3-3 设置背景图像与背景颜色。

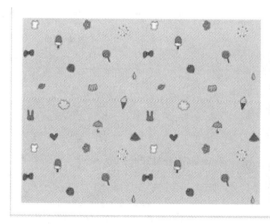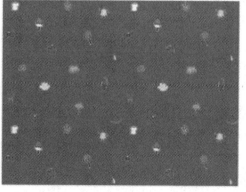

图 5-3-3

参考代码如下：

```
<!DOCTYPE html>
<html>
```

```
<head>
<title> 背景图像与颜色 </title>
<style type="text/css">
body{
    background-image:url(images/bg02.png);              /* 页面背景图像 *
    background-color:#b4f4fd;                           /* 页面背景颜色 */
}
</style>
</head>
<body>
</body>
</html>
```

【拓展】 CSS3 支持 backgound-image 属性设置渐变背景，其具体用法如下：

```
background-image:<linear-gradient>|<radial-gradient>|
```

渐变函数 linear-gradient(线性渐变) 的具体用法如下：

```
background-image:linear-gradient(direction,color-stop1,color-stop2,…);
```

其中：

● direction：定义渐变起始点，取值包含数值、百分比，也可以使用关键字，其中 left、center 和 right 关键字定义 x 轴坐标，top、center 和 bottom 关键字定义 y 轴坐标。当指定一个值时，另一个值默认为 center。或者使用角度值，单位包括 deg(度，一圈等于 360 deg)、grad(梯度，90°等于 100 grad)、rad(弧度，一圈等于 $2 \times PI$ rad)。

● color-stop：定义颜色值的变化。其包含两个参数，第一个参数值设置颜色值，可以为任何合法的颜色值；第二个参数设置颜色的位置，取值为百分比 (0% ～100%) 或者数值，也可以省略步长位置。

background-image 属性也可以用 background 属性代替。

【例 5-11】 参考图 5-3-4 进行背景渐变色定义。

参考代码如下：

```
<!DOCTYPE html>
<html>
<head>
<title> 背景图像与颜色 </title>
<style type="text/css">
body{
    background: linear-gradient(60deg, blue, red);        /* 页面背景颜色渐变 */
}
</style>
</head>
<body>
</body>
</html>
```

效果显示如图 5-3-4 所示。

图 5-3-4

2. 定义显示方式

CSS 使用 background-repeat 属性控制背景图像的显示方式。

【例 5-12】 参考图 5-3-5 完成背景图像重复方式的设置。

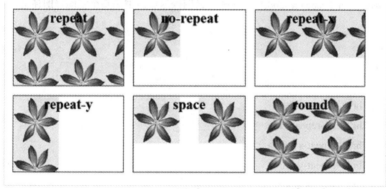

图 5-3-5

参考代码如下：

```
<head>
<style type="text/css">
div{
    width:240px;
    height:160px;
    float:left;
    margin:10px;
    font-size:30px;
    font-weight:900;
    text-align:center;
    border:1px solid black;
    background-image:url(images/bg3.jpg);    /* 所有 div 设置同样的背景图像 */
}
#br1{
```

```
        background-repeat:repeat;          /* 背景图像重复 */
    }
    #br2{
        background-repeat:no-repeat;       /* 背景图像不重复 */
    }
    #br3{
        background-repeat:repeat-x;        /* 背景图像横向重复 */
    }
    #br4{
        background-repeat:repeat-y;        /* 背景图像纵向重复 */
    }
    #br5{
        background-repeat:space;           /* 当背景图像不能以整数次平铺时，会用空白间隙均匀填
                                              充在图片周围，图片不缩放 */
    }
    #br6{
        background-repeat:round;           /* 背景图像尽可能铺满整个空间，即使会造成图片缩放 */
    }
    </style>
    </head>
    <body>
    <div id="br1">repeat</div>
    <div id="br2">no-repeat</div>
    <div id="br3">repeat-x</div>
    <div id="br4">repeat-y</div>
    <div id="br5">space</div>
    <div id="br6">round</div>
    </body>
```

background-repeat 属性的基本语法如下：

```
background-repeat: repeat | no-repeat | repeat-x | repeat-y| space | round;
```

其中：

- repeat：默认值，背景图像在横向和纵向平铺。
- no-repeat：背景图像不重复。
- repeat-x：背景图像仅在水平方向平铺。
- repeat-y：背景图像仅在垂直方向平铺。
- space：CSS3 新增的关键字，背景图像以相同的间距平铺且填充满整个容器或某个方向。
- round：CSS3 新增的关键字，背景图像自动缩放直到适应且填充满整个容器。

3. 定义显示位置

在默认情况下，背景图像显示在元素的左上角，并根据不同方式执行不同显示效果。

为了更好地控制背景图像的显示位置，CSS 定义了 background-position 属性来精确定位背景图像。

【例 5-13】　参考图 5-3-6 完成背景图像的设置。

图 5-3-6

参考代码如下：

参考布局：

```
<body>
        <h3> 蒹葭 </h3>
        <p> 蒹葭苍苍，白露为霜。</p>
        <p> 所谓伊人，在水一方。</p>
        <p> 溯洄从之，道阻且长。</p>
        <p> 溯游从之，宛在水中央。</p>
        <p> 蒹葭萋萋，白露未晞。</p>
        <p> 所谓伊人，在水之湄。</p>
        <p> 溯洄从之，道阻且跻。</p>
        <p> 溯游从之，宛在水中坻。</p>
        <p> 蒹葭采采，白露未已。</p>
        <p> 所谓伊人，在水之涘。</p>
        <p> 溯洄从之，道阻且右。</p>
        <p> 溯游从之，宛在水中沚。</p>
        </body>
```

参考样式：

```
<style type="text/css">
body{
      background-image:url(images/bg4.jpg);      /* 网页的背景图像 */
      background-attachment:fixed;                /* 背景图像相对于窗体固定 */
```

```
                background-repeat:no-repeat;              /* 背景图像不重复 */
                background-position:center bottom;         /* 背景图像水平居中，垂直底部 */
                text-align:center;
                line-height:1.5;
            }
        </style>
```

background-position 属性的基本语法如下：

    background-position : 关键字 | 百分比 | 长度

其中：

● 关键字：在水平方向上有 left、center 和 right 关键字，垂直方向有 top、center 和 bottom 关键字。center 表示背景图像横向或纵向居中；left 表示背景图像在横向上填充从左边开始；right 表示背景图像在横向上填充从右边开始；top 表示背景图像在纵向上填充从顶部开始；bottom 表示背景图像在纵向上填充从底部开始。水平方向和垂直方向的关键字可以相互搭配使用。

● 百分比：指定背景图像填充的位置，可以为负值。一般要指定两个值，两个值之间用空格隔开，分别代表水平位置和垂直位置。水平位置的起始参考点在网页页面左端，垂直位置的起始参考点在网页页面顶端。默认值 0% 0%，效果等同于 left top。

● 长度：用长度值指定背景图像填充的位置，可以为负值。也要指定两个值代表水平位置和垂直位置，起始点相当于页面左端和顶端。例如，background-position:200px −100px，表示背景图片的水平位置为左起 200 px，垂直位置为顶端起 −100 px。

4. 定义固定背景

一般情况下，背景图像能够跟随网页内容整体上下滚动。如果所定义的背景图像比较特殊，如水印或者窗口背景，则不希望这些背景图像在滚动网页时轻易消失。CSS 为了解决这个问题提供了一个独特的属性：background-attachment，它能够固定背景图像始终显示在浏览器窗口中的某个位置。

【例 5-14】 参考图 5-3-7 完成背景图像滚动方式的设置。

图 5-3-7

参考代码如下：

参考布局：

```
<body>
    <div id="ba1">
        <h3> 蒹葭 </h3>
        <p> 蒹葭苍苍，白露为霜。</p>
        <p> 所谓伊人，在水一方。</p>
        <p> 溯洄从之，道阻且长。</p>
        <p> 溯游从之，宛在水中央。</p>
        <p> 蒹葭萋萋，白露未晞。</p>
        <p> 所谓伊人，在水之湄。</p>
        <p> 溯洄从之，道阻且跻。</p>
        <p> 溯游从之，宛在水中坻。</p>
        <p> 蒹葭采采，白露未已。</p>
        <p> 所谓伊人，在水之涘。</p>
        <p> 溯洄从之，道阻且右。</p>
        <p> 溯游从之，宛在水中沚。</p>
    </div>
    <div id="ba2">
        <h3> 蒹葭 </h3>
        <p> 蒹葭苍苍，白露为霜。</p>
        <p> 所谓伊人，在水一方。</p>
        <p> 溯洄从之，道阻且长。</p>
        <p> 溯游从之，宛在水中央。</p>
        <p> 蒹葭萋萋，白露未晞。</p>
        <p> 所谓伊人，在水之湄。</p>
        <p> 溯洄从之，道阻且跻。</p>
        <p> 溯游从之，宛在水中坻。</p>
        <p> 蒹葭采采，白露未已。</p>
        <p> 所谓伊人，在水之涘。</p>
        <p> 溯洄从之，道阻且右。</p>
        <p> 溯游从之，宛在水中沚。</p>
    </div>
    <div>
        <h3> 蒹葭 </h3>
        <p> 蒹葭苍苍，白露为霜。</p>
        <p> 所谓伊人，在水一方。</p>
        <p> 溯洄从之，道阻且长。</p>
        <p> 溯游从之，宛在水中央。</p>
        <p> 蒹葭萋萋，白露未晞。</p>
```

```
        <p> 所谓伊人，在水之湄。</p>
        <p> 溯洄从之，道阻且跻。</p>
        <p> 溯游从之，宛在水中坻。</p>
        <p> 蒹葭采采，白露未已。</p>
        <p> 所谓伊人，在水之涘。</p>
        <p> 溯洄从之，道阻且右。</p>
        <p> 溯游从之，宛在水中沚。</p>
    </div>
</body>
```

参考样式：

```
<style type="text/css">
body{
    background-image:url(images/bg4.jpg);      /* 网页的背景图像 */
    background-attachment:fixed;               /* 背景图像相对于窗体固定 */
}
div{
    width:300px;
    height:300px;
    margin:10px;
    overflow:auto;                             /* 盒子内容溢出时自动加上滚动条 */
    border:1px solid black;
    background-image:url(images/bg5.jpg);      /* 三个 div 设置同样的背景图像 */
    line-height:2;
}
#ba1{              /* 背景图像相对于元素固定，背景图像跟着元素 (div 盒子) 本身 */
    background-attachment:scroll;
}
#ba2{              /* 背景图像相对于元素内容固定，背景图像跟着内容 ( 文本 ) 滚动 */
    background-attachment:local;
}
</style>
```

background-attachment 属性的基本语法如下：

```
background-attachment : scroll | fixed | local;
```

其中：

● scroll：背景图像相对于元素固定，也就是当元素内容滚动时，背景图像不会跟着滚动，因为背景图像总是要跟着元素本身，但会随元素的祖先元素或窗体一起滚动。

● fixed：背景图像相对于窗体固定。

● local：CSS3 新增的关键字，背景图像相对于元素内容固定，也就是当元素随元素滚动时背景图像也会跟着滚动，因为背景图像总是要跟着内容。

三、案例实现

HTML 参考代码如下：

```
<!DOCTYPE html>
<html>
<head>
<title>背景图像</title>
<link href="css11-15.css" rel="stylesheet" type="text/css">
</head>
<body>

    <div id="main1">
    红酒 (Red wine) 是葡萄酒的一种，并不一定特指红葡萄酒。<br />
    红酒的成分相当简单，是经自然发酵酿造出来的果酒，含有最多的是葡萄汁，葡萄酒有
    许多分类方式。<br />
    以成品颜色来说，可分为红葡萄酒、白葡萄酒及粉红葡萄酒三类。<br />
    其中红葡萄酒又可细分为干红葡萄酒、半干红葡萄酒、半甜红葡萄酒和甜红葡萄酒。<br />
    白葡萄酒则细分为干白葡萄酒、半干白葡萄酒、半甜白葡萄酒和甜白葡萄酒。<br />
    粉红葡萄酒也叫桃红酒、玫瑰红酒。杨梅酿制的叫作杨梅红酒。
    </div>
    </body>
```

CSS 参考代码如下：

```
#main1{
    box-sizing:border-box;
    text-align:left;
    font-size:14px;
    padding:40px 20px;
    line-height:2;
    height:255px;
    /* 背景由右侧不重复图像和颜色组成 */
    background:#fefddf url(images/grape1.jpg) no-repeat right top;
    border-top:1px solid #c7a7a6;
    border-bottom:1px solid #c7a7a6;
}
```

5.4　案例实战——背景页面布局

网页设计过程中，背景图像是最主要的页面修饰方法。本案例将利用前文和本章所学内容制作一个综合使用背景的案例。

一、设计要求

根据给定的素材图片，按照效果图 (见图 5-4-1) 输入内容，设置页面背景、表单搜索项、导航条、主体内容部分和页脚部分。

背景页面布局

图 5-4-1

二、设计分析

(1) 页面背景设置为顶部图像以及从白色到酒红色的渐变。

(2) 导航条和页脚部分主要设置背景色和前景色。

(3) 主体内容部分由三部分组成，第一和第三部分同时设置背景图像和背景颜色，第二部分加入三幅图像，鼠标经过时图像透明度降低。

三、设计实现

HTML 布局代码如下：

```
<!DOCTYPE html>
<html>
    <head>
        <title> 红酒庄园 </title>
        <link href="index.css" rel="stylesheet" type="text/css">
    </head>
    <body>
        <div id="container">
            <div id="search">
                <form action="">
                <input type="text" class="sinput" placeholder=" 输入关键字后回车搜索 " />
                <input type="submit" value=" 搜索 " class="sbtn" />
                </form>
            </div>
            <div id="navi">
                <span> 首页 </span><span> 关于我们 </span><span> 合作伙伴 </span>
                <span> 庄园纪事 </span>
            </div>
            <div id="main1">
                <p class="p1"> 红酒 (Red wine) 是葡萄酒的一种，并不一定特指红葡萄酒。
            </p>
                <p class="p2"> 红酒的成分相当简单，是经自然发酵酿造出来的果酒，含有
最多的是葡萄汁，葡萄酒有许多分类方式。</p>
                <p> 以成品颜色来说，可分为红葡萄酒、白葡萄酒及粉红葡萄酒三类。</p>
                <p> 其中红葡萄酒又可细分为干红葡萄酒、半干红葡萄酒、半甜红葡萄酒和
甜红葡萄酒。</p>
                <p> 白葡萄酒则细分为干白葡萄酒、半干白葡萄酒、半甜白葡萄酒和甜白葡
酒。</p>
                <p> 粉红葡萄酒也叫桃红酒、玫瑰红酒。杨梅制的叫作杨梅红酒。</p>
            </div>
            <div id="main2">
                <p> 想要喝红酒美容，最好能够选择在睡觉前的一个小时左右饮用。睡前喝
红酒除了能够帮助美容养颜之外，还能够帮助缓解身心压力，改善睡眠质量。</p>
                <p> 红酒中含有的抗氧化物质，能够帮助加强身体的新陈代谢，有效帮助肌
肤避免出现色素沉着、肤色！皮肤松弛、长皱纹等等问题。另外，红酒还能够帮助去角质，有
效嫩白肌肤。而红酒中的白藜芦醇确有预防癌症和糖尿病，以及促进心脏健康的功效。不过从
红酒外的其他途径也一样能获得白藜芦醇，但一定是喝了红酒才能有这个功效。</p>
            </div>
            <div id="main3">
                <img src="img/grape2.jpg" /><img src="img/exciting.png" />
                <img src="img/grape3.jpg" />
```

```
            </div>
            <div id="foot">
                本案例仅供学习参考使用
            </div>
        </div>
    </body>
</html>
```

CSS 参考代码如下：

```css
/*body 样式，背景由两幅图像和渐变色组成 */
body {
    text-align: center;
    margin: 0px;
    background: url() fixed no-repeat left bottom,
        url(images/text1.png) fixed no-repeat right bottom,
        linear-gradient(white, #672a2f) fixed;
}


/* 外部父 div 样式 */
#container {
    width: 1000px;
    height: auto;
    margin: 0 auto;
    /* 背景由顶部不重复图像和颜色组成 */
    background: #fefddf url(img/bg13.jpg) no-repeat center top;
}


/* 搜索表单所在 div——search 的样式 */
#search {
    height: 400px;
    padding: 40px;
}
```

第6章 设计表单样式

表单是用于在网页中收集用户的信息，提供与服务器进行收集交互信息的可视化交互的控件标签。表单在网页中很常用，例如注册和登录页面就是基于表单实现的。表单创建完后通常还要对它的样式进行设计，让其更加美观。本章将对表单及表单样式进行详细介绍。

 本章要点

◎ 掌握表单的创建；
◎ 运用表单控件实现登录注册功能；
◎ 灵活设计表单样式。

6.1 设计表单

在 HTML 中，<form> 标签用于创建一个表单，<form> 标签中可以定义多种子标签，用来实现各种交互控件，包括文本框、单选框、复选框、文件上传域、文本域、下拉菜单及按钮等。

设计表单

一、案例导入

我国互联网领域和信息化工作不断取得新的突破，伴随移动化浪潮加大，信息化进程逐步扩展到移动终端，更是要求信息化时代的每一个人都要掌握移动端相关技术。本节两个案例选择了目前应用广泛的移动端手机注册和商品信息甄选页面，均是常见的页面内容。

1. 案例设计：手机注册页面

手机注册页面用于收集用户的姓名、电话、邮箱、密码及验证码等信息，效果如图6-1-1所示，将使用到文本框、密码框、提交按钮、重置按钮等元素。

图 6-1-1

具体设计如下：

(1) 设计一个容器盒子 div，设置宽高及背景颜色。

(2) 在盒子中创建一个 form 表单，设置表单的宽高及背景图片。

(3) 在 form 表单中创建文本框、密码框、提交按钮、重置按钮，设置每种元素的位置及大小。

2. 案例设计：商品信息甄选页面

本案例是制作一个商品选择页面，用于帮助用户根据品牌、分类、网络类型、价格及颜色筛选出符合需求的一款手机。该页面主要用到了单选框和复选框，效果如图 6-1-2 所示。

图 6-1-2

具体设计如下：

(1) 设计一个容器盒子 div，设置宽高。

(2) 在盒子中创建一个 form 表单。

(3) 在 form 表单中再创建五个容器盒子 div，分别用于放置品牌、分类、网络类型、价格及颜色这五个模块。

(4) 在品牌盒子 div 中放置图片，在分类、网络类型、颜色盒子 div 中创建多选框，在价格盒子 div 中创建单选框。

二、知识点导入

1. 基本语法

form 表单标签的基本语法如下：

```
<form action="…" method="…" name="…" target="…">
        若干子标签
</form>
```

其中：

● action：规定用户点击提交按钮时表单被提交到的位置。

● method：规定表单提交时所使用的 HTTP 请求方法，分别为 get 和 post 两种，区别在于 get 请求方法提交的信息会被显示在页面的地址栏中，而 post 请求方法提交的信息不会显示。

● name：定义表单的名称，不能包含特殊字符和空格。

● target：规定 action 属性中地址的目标 (默认为 _self)。

2. 基础案例操作

1) <input> 标签

【例 6-1】 设计如图 6-1-3 所示的表单内容。

图 6-1-3

用法：<input> 标签是自闭合标签，根据 type 属性值的不同，可以变化为多种形态，例如单行文本框、密码框、单选按钮、复选框、文件上传域、普通按钮、提交按钮以及重置按钮等。

语法如下：

```
<form>
    用户名 :<input type="text" name="name"/><br/>
    密码 :<input type="password" name="password" /><br/>
    性别 :
    <input type="radio" name="sex" value="boy" /> 男
    <input type="radio" name="sex" value="girl" /> 女 <br/>
    爱好 :
    读书 <input type="checkbox" name="read" value="read" />
    跑步 <input type="checkbox" name="run" value="run" />
    逛街 <input type="checkbox" name="shopping" value="shopping" />
    看电影 <input type="checkbox" name="movie" value="movie" /><br/>
    文件上传 :<input type="file" name="file" src="url" /><br/>
    <input type="submit" value=" 提交 " />
    <input type="button" value=" 确定 " />
    <input type="reset" value=" 重置 "/>
</form>
```

2) <select> 标签

【例 6-2】 设计如图 6-1-4 所示的下拉列表。

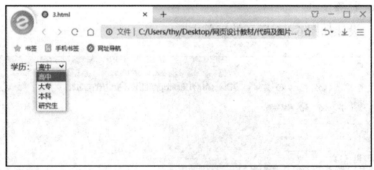

图 6-1-4

用法：在 form 表单标签中定义下拉列表标签 <select>，在 <select> 标签中定义待选择的选项 <option> 标签。

语法如下：

```
<form>
    学历 :
        <select>
        <option> 高中 </option>
        <option> 大专 </option>
        <option> 本科 </option>
        <option> 研究生 </option>
        </select>
</form>
```

3) <textarea> 标签

【例 6-3】 设计如图 6-1-5 所示的文本域。

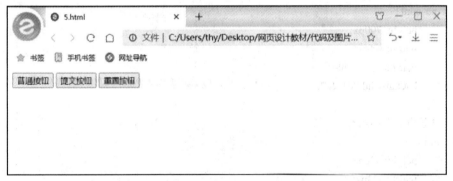

图 6-1-5

用法：定义多行输入字段。

语法如下：

    <form>

        个人简介：<textarea name="description"> 此处是描述信息 </textarea>

    </form>

4) <button> 标签

【例 6-4】 设计如图 6-1-6 所示的三种按钮。

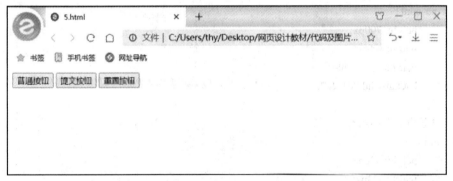

图 6-1-6

用法：定义可点击的按钮，与 <input> 标签创建的按钮不同的是，在 <button> 标签内部，不仅可以放置文本，还可以放置图像。

语法如下：

    <form>

        <button type="button"> 普通按钮 </button>

        <button type="submit"> 提交按钮 </button>

        <button type="reset"> 重置按钮 </button>

        <button type="button"><img src="..."></button>

    </form>

三、案例实现

1. 手机注册页面

HTML 参考代码如下：

```
<div class="mr-cont">
    <!— 创建表单 -->
    <form>
        <div class="cont">
        <h3> 注册 </h3>
        <label> 姓    名： <input type="text"></label>
        <label> 电    话： <input type="text"></label>
        <label> 邮    箱： <input type="text"></label>
        <label> 设置密码： <input type="password"></label>
        <label> 确认密码： <input type="password"></label>
        <label class="btn"><input type="button" value=" 获取验证码 ">
            <input type="text"></label>
        <input type="reset" value=" 重置 ">
        <input type="submit" value=" 注册 ">
        </div>
    </form>
</div>
```

CSS 参考代码如下：

```
/*css document*/
.mr-cont{
    height: 700px;
    width: 100%;
    margin: 20px auto;
    background:#d1ccc7;
}
/* 设置表单样式 */
form{
    height: 670px;
    width: 323px;
    position: relative;
    margin: 0 auto;
    background: url(../img/mobile.png);
}
/* 设置标题样式 */
h3{
    margin-left: 30px;
}
/* 设置表单内部 div 盒子样式 */
.cont{
```

```
        width: 323px;
        height: 504px;
        position: absolute;
        top:113px;
        left: 0px;
        background: #f7f5f5;
    }
    /* 设置 input 标签样式 */
    label{
        display: block;
        height: 35px;
        padding: 10px 30px;
        line-height: 35px;
        border-top:2px solid rgba(219,212,212,1.00);
    }
    /* 设置文本框和密码框样式 */
    [type="text"],[type="password"]{
        background: #f7f5f5;
        border:1px solid rgba(219,212,212,1.00);
    }
    /* 设置获取验证码框样式 */
    .btn{
        border-bottom:1px solid rgba(219,212,212,1.00);
    }
    /* 设置重置按钮和提交按钮样式 */
    [type="reset"],[type="submit"]{
        margin: 30px 30px;
        width: 90px;
        height: 30px;
    }
```

2. 商品信息甄选页面

HTML 参考代码如下：

```
    <div class="mr-cont">
    <!— 创建表单 -->
        <form>
    <!— 创建品牌模块 div 盒子 -->
            <div class="bom bom1">
                <div class="brand" id="brand"> 品牌：</div>
                <div>
                    <img src="img/logo1.jpg" alt="">
                    <img src="img/logo2.jpg" alt="">
                    <img src="img/logo3.jpg" alt="">
                    <img src="img/logo4.jpg" alt="">
```

```html
                    <img src="img/logo5.jpg" alt="">
                    <img src="img/logo6.jpg" alt="">
                    <img src="img/logo7.jpg" alt="">
                    <img src="img/logo8.jpg" alt="">
                </div>
            </div>
    <!-- 创建分类模块 div 盒子 -->
            <div class="bom">
                <div class="list"> 分类： </div>
                <div>
                    <label><input type="checkbox"> 手机 </label>
                    <label><input type="checkbox"> 平板 </label>
                    <label><input type="checkbox"> 电脑 </label>
                </div>
            </div>
    <!-- 创建网络类型模块 div 盒子 -->
            <div class="bom">
                <div class="line"> 网络类型： </div>
                <div>
                    <label><input type="checkbox"> 移动 </label>
                    <label><input type="checkbox"> 联通 </label>
                    <label><input type="checkbox"> 电信 </label>
                    <label><input type="checkbox"> 全网通 </label>
                </div>
            </div>
    <!-- 创建价格模块 div 盒子 -->
            <div class="bom">
                <div class="price"> 价格： </div>
                <div>
                    <label><input type="radio" name="price">1500 以下 </label>
                    <label><input type="radio" name="price">1500~2500</label>
                    <label><input type="radio" name="price">2500~3500</label>
                    <label><input type="radio" name="price">3500 以上 </label>
                </div>
            </div>
    <!-- 创建颜色模块 div 盒子 -->
            <div class="bom">
                <div class="color"> 颜色 </div>
                <div>
                    <label><input type="checkbox"> 白色 </label>
                    <label><input type="checkbox"> 黑色 </label>
                    <label><input type="checkbox"> 玫瑰金 </label>
                    <label><input type="checkbox"> 苹果粉 </label>
```

```
                </div>
            </div>
        </form>
    </div>
```

CSS 参考代码如下：

```css
/*css document*/
.mr-cont {
    width: 1000px;
    margin: 0 auto;
}
/* 设置五个模块 div 盒子样式 */
.bom {
    width: 1000px;
    height: 40px;
    margin-top: 5px;
    border: 1px solid #d1ccc7;
}
/* 设置 div 盒子样式 */
.bom1 {
    height: 170px;
}
/* 设置 div 盒子样式 */
.bom div {
    float: left;
}
/* 设置 div 盒子样式 */
#brand {
    height: 170px;
    line-height: 170px;
}
/* 设置 label 样式 */
.bom label {
    margin-left: 30px;
    height: 40px;
    line-height: 40px;
}
/* 设置图片样式 */
.brand~div img {
    margin: 20px 50px;
    width: 90px;
    float: left;
}
/* 设置 div 盒子样式 */
```

```
.bom>:first-child~div {
    width: 800px;
}
.bom>:first-child {
    width: 150px;
    height: 40px;
    line-height: 40px;
    text-align: center;
    background: #f7f5f5;
}
```

 # 6.2　设计表单样式

设计表单样式

　　通过上一节的学习可以看到，对于一个刚刚创建的表单，如果不添加样式，则非常影响用户体验，因此需要对它的样式进行设置。例如，设置文本框或文本域样式、设置单选框和复选框样式、设置下拉列表样式等。

一、案例导入

　　在我国便民服务意识不断深化的当下，通过互联网＋政府事业单位的改革，电子政务的方式有效达到减少群众往返次数、简化办事流程、提高办事效率的目的，不仅为人民群众提供了更加高效、方便的服务，更对传统的公共服务事务办理流程进行了创新，网站的建设在整个流程中必不可少。

　　本案例制作宜职官网注册页面，用于收集注册用户的邮箱和密码，并设计该注册页面的表单样式，提升用户体验，效果如图 6-2-1 所示。

图 6-2-1

具体设计如下：

(1) 设计一个容器盒子 div，设置宽高及背景图片。

(2) 在盒子中创建一个 form 表单，并在表单中添加三个文本框和一个提交按钮。

(3) 通过 CSS 设置该表单样式。

二、知识点导入

1. 设置文本框和文本域样式

【例 6-5】 完成如图 6-2-2 所示的文本框设计。

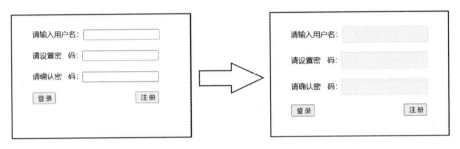

图 6-2-2

用法：文本框的常用样式有设置宽度、高度、边框属性、字体、背景等。

CSS 代码如下：

```
input[type="text"]{
        width:180px;                    /* 设置宽度 */
        height:30px;                    /* 设置高度 */
        border: 1px solid gainsboro;    /* 设置边框属性 */
        font-size: 15px;                /* 设置字体大小 */
        color: black;                   /* 设置字体颜色 */
        background-color: whitesmoke;   /* 设置背景颜色 */
    }
```

【例 6-6】 完成文本框焦点的设计。

用法：使用伪类选择器设置鼠标划入文本框或文本框获得焦点时文本框的样式。

:hover 设置鼠标划入文本框时的样式，如图 6-2-3 所示。

图 6-2-3

CSS 代码如下：

```
input:hover{
    border: 3px solid red;              /* 鼠标划入文本框时的样式 */
}
```

:focus 设置当前文本框获得焦点时的样式，如图 6-2-4 所示。

请输入用户名：

请设置密　码：

请确认密　码：

登　录　　　　　　　　　　注　册

图 6-2-4

CSS 代码如下：

```
input:focus{
    background-color: yellow;
}
```

2. 设置单选框和复选框样式

【例 6-7】 完成如图 6-2-5 所示的单选框和复选框设计。

性别：

●男　○女

图 6-2-5

用法：设置单选框和复选框中的图标样式。

HTML 代码如下：

```
<p>
    <input type="radio" name="sex" id="man" />
    <label for="man"> 男 </label>
    <input type="radio" name="sex" id="women"/>
    <label for="women"> 女 </label>
</p>
```

CSS 代码如下：

```
p>input{
    display: none;              /* 清除原来的样式 */
}
p>label{
```

```
        margin-right: 30px;            /* 设置两个选项之间的距离 */
    }
    p>label::before{                   /* 设置添加元素图标的样式 */
        display: inline-block;
        content: "";
        width: 16px;
        height: 16px;
        border-radius: 50%;
        border: 1px solid gray;
        margin-right: 6px;
    }
    p>input:checked+label::before{     /* 设置点击元素图标时的样式 */
        background-color: greenyellow;
    }
```

3. 设置下拉列表样式

【例 6-8】 完成如图 6-2-6 所示的下拉列表设计。

图 6-2-6

用法：设置下拉列表中显示的字体和边框样式。

CSS 代码如下：

```
    select{
        width: 200px;        /* 设置宽度 */
        height: 40px;        /* 设置高度 */
        font-size: 30px;     /* 设置字体大小 */
    }
```

三、案例实现

HTML 参考代码如下：

```
    <div class="mr-cont">
        <div>
    <!— 创建表单 -->
            <form>
                <label><img src="img/email.png"><input id="email" type="Email"
                placeholder=" 请输入邮箱 "/></label>
                <label><img src="img/pass.png"><input type="text" placeholder="
                请设置密码 "/></label>
                <label><img src="img/pass.png"><input type="text" placeholder="
```

请确认密码 "/></label>

              \<div class="btn"> 注   册 \</div>

      \</form>

    \</div>

  \</div>

CSS 参考代码如下：

```
/*css document*/
.mr-cont{
    width: 800px;
    height: 400px;
    margin: 20px auto;
    position: relative;
    background:url(../img/bg.jpg);
}
/* 设置表单样式 */
form{
    position: absolute;
    top:80px;
    left: 220px;
    height: 280px;
    width: 260px;
    background: rgba(0, 0, 0,0.1);
    padding: 12px 45px;
}
/* 设置 label 标签样式 */
form label{
    display: block;
    margin-top: 20px;
    background: #fff;
    width: 255px;
    height: 40px;
}
/* 设置文本框样式 */
[type="Email"],[type="text"]{
    height: 20px;
    margin-top: 8px;
    border: 1px solid #fff;
}
/* 设置鼠标划过 input 标签的样式 */
input:hover{
    border: 1px solid rgba(0, 0, 0,0.1);
}
/* 设置图标样式 */
```

```
form label img{
    vertical-align: middle;
    margin-left: 20px;
    height: 30px;
}
/* 设置提交按钮样式 */
.btn{
    margin-top: 30px;
    background: url(../img/btn1.png);
    height: 40px;
    width: 260px;
    text-align: center;
    line-height: 40px;
}
```

6.3　案例实战——表单实现收货地址页面效果

通过前面表单知识的学习，能够掌握如何在表单中实现各种交互控件以及设置表单的样式，例如文本框、单选框、复选框、文件上传域、文本域、下拉菜单及按钮等。本案例将使用这些知识实现一个收货地址页面效果。

表单实现收获
地址页面效果

一、设计要求

根据给定的素材背景图片设计如图 6-3-1 所示的页面效果。

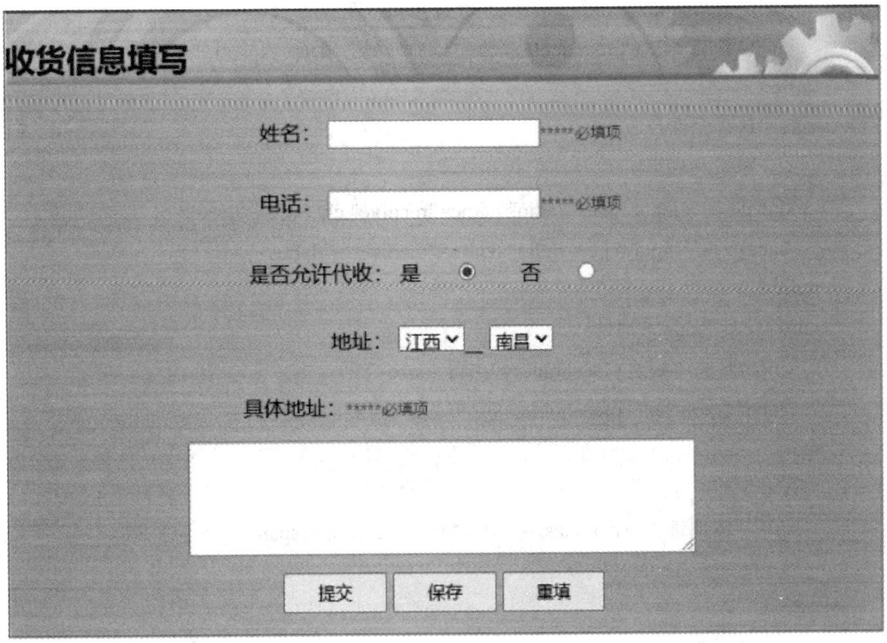

图 6-3-1

二、设计分析

(1) 使用的控件有单行文本框、单选框、下拉列表、多行文本框以及按钮。

(2) 每一个交互控件单独使用 div 盒子包裹，便于设置其样式。

三、设计实现

HTML 代码如下：

```
<!doctype html>
<html>
<head>
<meta charset="utf-8">
<title> 表单自动验证 </title>
<link href="css/style.css" type="text/css" rel="stylesheet">
</head>

<body>
<div class="mr-cont">
    <h2> 收货信息填写 </h2>
<!-- 单击提交时 , 页面跳转至 "login.html" 页面 -->
<form action="login.html">
    <div> 姓名：
        <!-- 单行文本框 -->
        <input type="text"><span class="red">***** 必填项 </span>
    </div>
        <div> 电话：
        <input type="text"><span class="red">***** 必填项 </span>
    </div>
        <div> 是否允许代收：
        <!-- 单选按钮 -->
        <label> 是 <input type="radio" name="receive" checked></label>
        <label> 否 <input type="radio" name="receive"></label>
    </div>
    <div class="addr"> 地址：
        <input type="text" placeholder="-- 省 " size="5">__
        <input type="text" placeholder="-- 市 " size="5">
    </div>
    <div>
        <p> 具体地址：<span class="red">***** 必填项 </span></p>
        <textarea></textarea>
    </div>
        <div id="btn">
```

```
<!-- 提交按钮，单击提交表单信息 -->
<input type="submit" value=" 提交 ">
<!-- 普通按钮，通过 onclick 调用处理程序 -->
<input type="button" value=" 保存 " onClick="alert(' 保存信息成功 ')">
<!-- 重置按钮，单击后表单恢复默认状态 -->
<input type="reset" value=" 重填 ">
</div>
</form>
</div>
</body>
</html>
```

CSS 代码如下：

```
/* 页面整体布局 */
.mr-cont{
    height: 474px;
    width: 685px;
    margin: 20px auto;
    border: 1px solid #f00;
    background: url(../img/bg.png);
}
/* 设置 div 盒子样式 */
.mr-cont div{
    width: 400px;
    text-align: center;
    margin: 30px 0 0 140px;
}
.red{
    font-size: 12px;
    color: #f00;
}
.addr input{
margin: auto 20px;
}
[type="radio"]{
    margin: 0 30px;
}
/* 设置段落样式 */
p{
    text-align: left;
    margin-left: 45px;
}
```

```
/* 设置文本域的大小 */
textarea{
    height: 80px;
    width: 390px;
}
#btn{
    margin-top: 10px;
}
/* 设置"提交""保存""充填"按钮的大小 */
#btn input{
    width: 80px;
    height: 30px;
}
```

第7章 设计超链接样式

超链接是网页页面中最重要的元素之一。在一个由多个页面组成的网站中，页面之间依靠链接确定相互之间的导航关系，用户只要在页面中选择链接内容就会自动跳转到其所指向的页面。本章将对超链接进行详细介绍，包括内部链接、外部链接、锚点链接以及使用 CSS 设置超链接样式等。

本章要点

◎ 掌握超链接的概念；
◎ 掌握内部链接、外部链接和锚点链接的使用；
◎ 灵活使用 CSS 设置超链接样式。

定义超链接

7.1 定义超链接

超链接是网站中一个个网页之间相互联系的桥梁。超链接由源地址文件和目标地址文件构成，当浏览者单击超链接时，浏览器从目标地址检索网页并显示在浏览器上，目标地址文件可以是不同的网页，也可以是一个图片、一个电子邮件地址、一个文件、甚至是一个应用程序。用来定义超链接的对象，可以是一段文本，一个图片，以及页面的任何对象。

一、案例导入

象棋亦称作"象碁"，它是中国传统棋类益智游戏，在中国有着悠久的历史。先秦时期已有记载，象棋游戏属于二人对抗性游戏的一种。时至今日，象棋不仅是流行极为广泛的棋艺活动，还是中国正式开展的 78 个体育运动项目之一。

本案例是制作一个中国象棋游戏简介网页，如图 7-1-1 所示。该简介页面很长，点击右侧滚动条或使用鼠标滚轮向下查看都不够方便直接，所以在页面顶部设置了 5 个超链接，当点击网页导航处的"中国象棋""游戏大厅""玩家登录""进入房间""棋手对弈"时，会跳转到页面中对应的锚点位置，而当点击锚点位置的"返回顶部"时，页面返回顶部内容显示。

图 7-1-1

具体设计如下：

(1) 为详细内容介绍处的知识点标题添加锚点。

(2) 在顶部导航处的"中国象棋""游戏大厅""玩家登录""进入房间""棋手对弈"中添加指向各锚点的超链接。

(3) 在顶部导航文字"中国象棋"上添加顶部定位锚点，方便从页面中跳转到页面顶部。

(4) 为页面中的"返回顶部"关键字添加指向顶部导航处锚点的超链接。

二、知识点导入

1. 基本语法

建立超链接使用的标记标签是 <a></a>，其基本语法如下：

　　　　<a href=" 链接地址 "> 链接内容 </a>

　　<a> 标签常用属性如表 7-1-1 所示。

表 7-1-1　<a> 标签常用属性

属　　性	描　　述
href	链接的目标地址
name	给链接命名
title	添加提示文字
target	指定链接的目标窗口

　　表 7-1-1 中的 target 属性，用于指定链接文档打开的目标窗口，其可取值如表 7-1-2 所示。

表 7-1-2　target 属性的取值

属性值	描　　述
_self	在当前窗口中打开链接文档 (默认打开方式)
_blank	在新窗口中打开链接文档
_parent	在父窗体中打开链接文档
_top	在当前窗体打开链接，并替换当前的整个窗体

2. 基础案例操作

1）内部链接

【例 7-1】　仿照图 7-1-2 左侧页面进行内部链接的设置。

　　用法：在同一个网站内部，通过内部链接来指向并访问属于该站点内的网页。

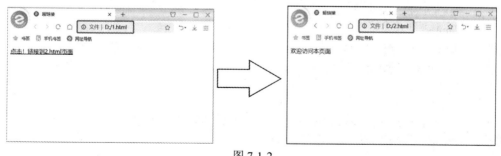

图 7-1-2

　　图 7-1-2 左侧页面布局代码如下：

```
<!DOCTYPE html>
<html>
<head>
```

```
        <title> 超链接 </title>
    </head>
    <body>
        <a href="2.html"> 点击！链接到 2.html 页面 </a>
    </body>
    </html>
```

图 7-1-2 右侧页面布局代码如下：

```
    <!DOCTYPE html>
    <html>
    <head>
        <title> 超链接 </title>
    </head>
    <body>
        欢迎访问本页面
    </body>
    </html>
```

2) 外部链接

【例 7-2】 完成如图 7-1-3 所示的外部链接的设计。

用法：在不同网站上，通过外部链接跳转并访问不属于该站点上的网页。

图 7-1-3

布局代码如下：

```
    <!DOCTYPE html>
    <html>
    <head>
        <title> 超链接 </title>
    </head>
    <body>
        <a href="http://www.baidu.com"> 点击！链接百度页面 </a>
    </body>
    </html>
```

3) 锚点链接

【例 7-3】 仿造图 7-1-4 设置锚点链接，点击链接跳转到当前页面的特定位置。

用法：浏览当前的网页时，如果页面过长，就可以创建锚点链接，即在该网页上建立一个书签目录，点击目录上的项目就能自动跳转到相应内容上。

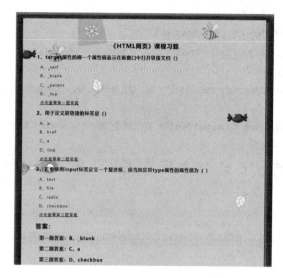

图 7-1-4

布局代码如下：

```html
<!doctype html>
<html>
<head>
<meta charset="utf-8">
<title> 锚点链接 </title>
</head>
<link href="CSS/style.css" rel="stylesheet" type="text/css">
<body>
<div class="mr-cont">
<div class="cont">
    <h2 align="center">《HTML 网页》课程习题 </h2>
    <h3>1、target 属性的哪一个属性值表示在新窗口中打开链接文档 ()</a></h3>
    <p>  A、_self</p>
    <p>  B、_blank</p>
    <p>  C、_parent</p>
    <p>  D、_top</p>
    <p>  <a href="#no1"> 点击查看第一题答案 </a></p>
    <h3>2、用于定义超链接的标签是 ()</a></h3>
    <p>  A、p</p>
    <p>  B、href</p>
    <p>  C、a</p>
    <p>  D、link</p>
    <p>  <a href="#no2"> 点击查看第二题答案 </a></p>
    <h3>3、若要使用 input 标签定义一个复选框，应当指定其 type 属性的属性值为 ()
</a></h3>
    <p>  A、text</p>
    <p>  B、file</p>
```

```
<p>  C、radio</p>
<p>  D、checkbox</p>
<p>  <a href="#no3"> 点击查看第三题答案 </a></p>
<h2> 答案：</h2>
<h3>  <a name="no1"> 第一题答案：B、_blank</a></h3>
<P></P>
<h3>  <a name="no2"> 第二题答案：C、a</a></h3>
<P></P>
<h3>  <a name="no3"> 第三题答案：D、checkbox</a></h3>
<P></P>
    </div>
    </div>
    </body>
    </html>
```

CSS 代码如下：

```
.mr-cont{
    width: 1080px;
    height: auto;
    margin: 0 auto;
    background: url(../img/bg1.jpg);
}
.cont{
        width: 900px;
        padding: 98px 0 70px;
        margin: 50px auto;
        letter-spacing: 2px;
}
```

三、案例实现

布局代码如下：

```
<div>
  <div>
    <h3>  
    <a href="#introduce" name="top"> 中国象棋 </a>     
    <a href="#hall"> 游戏大厅 </a>   
    <a href="#login"> 玩家登录 </a>   
    <a href="#room"> 进入房间 </a>   
    <a href="#play"> 棋手对弈 </a>   
    <img src="img/chess.jpg" width="700">
  </div>
  <div class="cont">
    <h2 align="center"><a name="introduce"></a> 中国象棋游戏简介 </h2>
```

```
<p>   中国象棋是起源于中国的一种棋，属于二人对抗性游戏的一种，在中国
有着悠久的历史。中国象棋是中国棋文化，也是中华民族的文化瑰宝，它源远流长，趣味浓厚，
基本规则简明易懂。中国象棋使用方形格状棋盘，圆形棋子共有 32 个，红黑二色各有 16 个棋
子，摆放和活动在交叉点上。双方交替行棋，先把对方的将 ( 帅 ) "将死" 的一方获胜。</p>
        <h3><a name="hall"> 游戏大厅 </a><a href="#top"> 返回顶部 </a></h3>
        <p>   玩家选择了棋牌类型以后，即可进入游戏大厅，在游戏大厅中静等 3
秒，即可进入游戏登录界面。游戏大厅风格选用古式简约大方。之所以选择古式简约风，是因
为棋牌类本就源于古代。</p>
        <img src="img/1.jpg" alt="" width="500">
        <h3><a name="login"> 玩家登录 </a><a href="#top"> 返回顶部 </a></h3>
        <p>   玩家初次登录中国象棋游戏时，需注册相关信息，包括用户名、密码等
信息，下次玩游戏时通过用户名和密码登录游戏即可。</p>
        <img src="img/2.jpg" alt="" width="500">
        <h3><a name="room"> 进入房间 </a><a href="#top"> 返回顶部 </a></h3>
        <p>   玩家玩游戏前，需要先进入房间，玩家房间是根据玩家选择的游戏模式
创建的。其中，人机匹配和随机对弈是系统自动创建的房间；而好友对战则通过双方其中一方
创建房间，然后再邀请另一方，待另一方同意进入房间后，方可开始游戏。</p>
        <img src="img/3.jpg" alt="" width="500">
        <h3><a name="play"> 棋手对弈 </a><a href="#top"> 返回顶部 </a></h3>
        <p>   棋手对弈模块主要分为三种对弈模式，分别是人机匹配、好友对战和随
机对弈。人机匹配和随机对弈是根据玩家的当前水平 ( 初级、中级、高级 ) 匹配同等级的对手
相互对弈。</p>
        <img src="img/4.jpg" alt="" width="500"></div>
    </div>
```

CSS 代码如下：

```
/* 页面整体布局 */
dlv{
        width: 1000px;
        margin: 0 auto;
        text-align: center;
}
/* 删除超链接的下划线 */
a{
        text-decoration: none;
}
/* 设置文字标题和内容的对齐方式以及位置 */
.cont p, .cont h3 {
        text-align: left;
        padding: 0 150px;
}
```

```
p{
    font-size:20px;
}
```

7.2　定义超链接样式

通过上一节超链接的学习可以看到，每次创建的超链接文本都自带下划线，并且每次点击该超链接后，文本都有特定的颜色，始终给用户一种千篇一律的感觉。为提升用户体验，可以通过 CSS 设置超链接样式，下面进行详细介绍。

定义超链接样式

一、案例导入

网购已经成为当代人们生活的重要活动，在网购过程中，相信大家都参与过心仪商品的秒杀活动，也参与过每一年的"双十一"活动，从侧面也可以反映出人们的生活水平在不断提高，而这背后，正是基于我国国力的日益增强，经济的不断发展。本案例是制作一个商品秒杀活动页面，如图 7-2-1 所示，通过给展示的商品图片添加超链接，即当点击某张图片时，弹出该商品的详细介绍页。

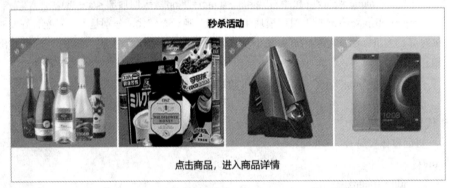

图 7-2-1

具体设计如下：

(1) 使用 image 标签添加 4 张图片，并通过 CSS 设置其位置。

(2) 给每张图片添加超链接，并设置其 href 属性。

二、知识点导入

1. 基本语法

通过 CSS 不仅可以去除超链接自带的下划线，还可以设置超链接文本的字体颜色、大小等样式。其基本语法如下：

```
a{属性：属性值 }
```

除此之外，CSS 针对不同链接状态，还设置了 4 种伪类选择器，其基本用法如表 7-2-1 所示。

表 7-2-1　伪类选择器基本用法

伪类选择器	描　　述
a:link{ 属性：属性值 }	设置超链接的默认样式，也即正常浏览时的样式
a:visited{ 属性：属性值 }	设置超链接被点击访问过后的样式
a:hover{ 属性：属性值 }	设置鼠标划过超链接时的样式
a:active{ 属性：属性值 }	设置超链接被点击时，也即被激活时的样式，如鼠标单击之后，到鼠标被松开之间的这段时间的样式

2. 基础案例操作

1) 设置超链接基本样式

【例 7-4】　为图 7-2-2 设置超链接，点击链接分别实现百度、搜狗和腾讯首页的跳转。用法：去除超链接自带的下划线，并设置超链接文本的字体颜色、大小等。

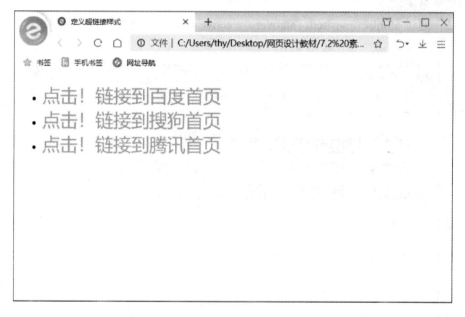

图 7-2-2

HTML 代码如下：

```
<!DOCTYPE html>
<html>
<head>
    <title> 定义超链接样式 </title>
</head>
<body>
<div>
<ul>
<li><a href="https://www.baidu.com"> 点击！链接到百度首页 </a></li>
<li><a href="https://www.sogou.com"> 点击！链接到搜狗首页 </a></li>
```

```
<li><a href="https://www.tencent.com"> 点击！链接到腾讯首页 </a></li>
</ul>
</div>
</body>
</html>
```

CSS 代码如下：

```
a{
    text-decoration: none;
    font-size:30px;
    color:orange;
}
```

2）设置不同链接状态下的样式

【例 7-5】 为图 7-2-3 设置图像链接样式，样式包括正常浏览、鼠标划过时以及被点击后的效果呈现。

用法：通过 a:link、a:visited、a:hover、a:active 4 个伪类选择器，设置超链接在不同链接状态下的样式。

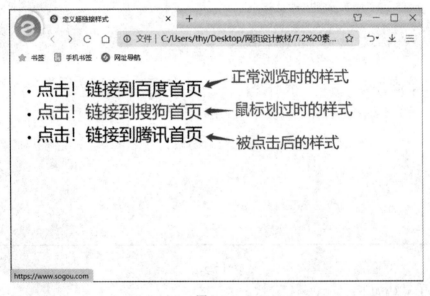

图 7-2-3

HTML 代码如下：

```
<!DOCTYPE html>
<html>
<head>
    <title> 定义超链接样式 </title>
</head>
<body>
<div>
<ul>
```

```
<li><a href="https://www.baidu.com"> 点击！链接到百度首页 </a></li>
<li><a href="https://www.sogou.com"> 点击！链接到搜狗首页 </a></li>
<li><a href="https://www.tencent.com"> 点击！链接到腾讯首页 </a></li>
</ul>
</div>
</body>
</html>
```

CSS 代码如下：

```
a{
    text-decoration: none;
    font-size:30px;
}
a:link{
    color:blue;
}
a:hover{
    color:red;
}
a:visited{
    color:black;
}
```

3) 设置图像链接

【例 7-6】 为图 7-2-4 左侧页面设置图像链接，点击图片跳转到书籍介绍内容。

用法：不仅可以给文本添加链接，还可以给图片添加链接，当点击该图片时，链接到目标地址文件。

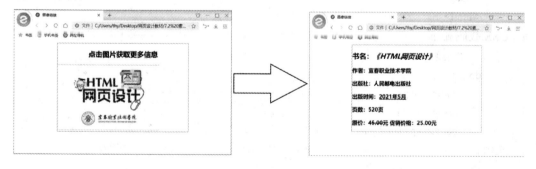

图 7-2-4

图 7-2-4 左侧页面布局代码如下：

```
<!doctype html>
<html>
<head>
<meta charset="utf-8">
<title> 图像链接 </title>
</head>
```

```
<link href="CSS/style.css" rel="stylesheet" type="text/css">
<body>
<div>
    <h2 align="center"> 点击图片获取更多信息 </h2>
    <a href="link.html"><img src="img/book.png" alt=""></a>
</div>
</body>
</html>
```

图 7-2-4 右侧页面布局代码如下：

```
<!doctype html>
<html>
<head>
<meta charset="utf-8">
<title> 图像链接 </title>
</head>
<link href="CSS/style.css" rel="stylesheet" type="text/css">
<body>
<div>
<h2> 书名：<em>《HTML 网页设计》</em></h2>
<h3> 作者：宜春职业技术学院 </h3>
<h3> 出版社：人民邮电出版社 </h3>
<h3> 出版时间：<u>2021 年 5 月 </u></h3>
<h3> 页数：520 页 </h3>
<h3> 原价：<strike>45.00</strike> 元  促销价格：25.00 元 </h3>
</div>
</body>
</html>
```

CSS 代码如下：

```
/* 页面整体大小和位置 */
div{
    width: 450px;
    margin: 0 auto;
    border: 1px solid gray;
}
p{
    font-size:25px;
}
```

三、案例实现

布局代码如下：

```
<div>
    <h2> 秒杀活动 </h2>
<!-- 添加图片，并且为图片添加超链接 -->
```

```
        <a href="img/link1.png"><img src="img/act11.png" alt=""></a>
        <a href="img/link2.png"><img src="img/pic11.png" alt=""></a>
        <a href="img/link3.png"><img src="img/computerArt11.png" alt=""></a>
        <a hrcf="img/link4.png"><img src="img/tel11.png" alt=""></a>
        <p align="center"> 点击商品，进入商品详情 </p>
    </div>
```
CSS 代码如下：
```
    /* 页面整体大小和位置 */
    div{
        width: 1135px;
        margin: 0 auto;
        border: 1px solid gray;
    }
    p{
        font-size:25px;
    }
```

7.3 案例实现——几何图形的导航菜单

通过 CSS 样式，可以设置出美观大方，具有不同外观和样式效果的超链接，从而增加页面的样式和超链接交互效果。网站页面的导航，就可以利用超链接的 4 种 CSS 样式的设计效果，来实现酷炫的网站风格。

几何图形的
导航菜单

一、设计要求

结合列表，通过设置 4 种伪类样式代码，为如图 7-3-1 所示的文字的超链接添加好看的背景，使网页看起来更具有欣赏性。

图 7-3-1

二、设计分析

(1) 设置一个 div 容器，容器里再设置两个上下 div 容器。

(2) 上容器放置一幅图片。

(3) 下容器通过无序列表设置 5 个列表项的菜单。

(4) 分别设置图片、菜单列表以及列表项等的显示样式。

(5) 分别设置 5 个列表项的超链接的 4 种状态样式。

三、设计实现

HTML 代码如下：

```
<!doctype html>
<html>
<head>
<meta charset="utf-8">
<title> 制作图像式超链接 </title>
<link href="style/8-70.css" rel="stylesheet" type="text/css">
</head>
<body>
<div id="box">
    <div id="top"><img src="images/7001.jpg" width="510" height="274" alt="" /></div>
    <div id="menu">
      <ul>
        <li><a href="#" class="link01"> 网站首页 /01</a></li>
        <li><a href="#" class="link02"> 关于我们 /02</a></li>
        <li><a href="#" class="link03"> 我们的服务 /03</a></li>
        <li><a href="#" class="link04"> 成功案例 /04</a></li>
        <li><a href="#" class="link05"> 联系我们 /05</a></li>
      </ul>
    </div>
</div>
</body>
</html>
```

CSS 代码如下：

```
* {
    margin: 0px;
    padding: 0px;
}
body {
    font-family: 微软雅黑 ;
    font-size: 16px;
    color: #333;
    line-height: 30px;
}
```

```
#box {
    width: 1200px;
    height: 420px;
    background-color: #FFF;
    background-image: url(../images/7002.jpg);
    background-repeat: no-repeat;
    background-position: right bottom;
}
#top {
    width: 100%;
    height: 274px;
}
#menu {
    width: 730px;
    height: 146px;
    margin-left: 143px;
    background-color: #ACACAC;
}

#menu li {
    list-style-type: none;
    float: left;
}
#menu li a {
    width: 146px;
    height: 66px;
    padding-top: 80px;
    text-align: center;
    float: left;
}
#menu li a.link01:link {
    font-weight: bold;
    color: #FFF;
    background-color: #BBB;
    text-decoration: none;
}
#menu li a.link01:hover {
    font-weight: bold;
    color: #F00;
    background-image: url(../images/7003.jpg);
    background-repeat: no-repeat;
    text-decoration: underline;
}
```

```
#menu li a.link01:active {
    font-weight: bold;
    color: #F30;
    background-image: url(../images/7003.jpg);
    background-repeat: no-repeat;
    text-decoration: none;
}
#menu li a.link01:visited {
    font-weight: bold;
    color: #FFF;
    background-color: #BBB;
    text-decoration: none;
}

#menu li a.link02:link {
    font-weight: bold;
    color: #FFF;
    background-color: #A8A8A8;
    text-decoration: none;
}
#menu li a.link02:hover {
    font-weight: bold;
    color: #F00;
    background-image: url(../images/7004.jpg);
    background-repeat: no-repeat;
    text-decoration: underline;
}
#menu li a.link02:active {
    font-weight: bold;
    color: #F30;
    background-image: url(../images/7004.jpg);
    background-repeat: no-repeat;
    text-decoration: none;
}
#menu li a.link02:visited {
    font-weight: bold;
    color: #FFF;
    background-color: #A8A8A8;
    text-decoration: none;
}
#menu li a.link03:link {
    font-weight: bold;
    color: #FFF;
```

```
        background-color: #959595;
        text-decoration: none;
}
#menu li a.link03:hover {
        font-weight: bold;
        color: #F00;
        background-image: url(../images/7004.jpg);
        background-repeat: no-repeat;
        text-decoration: underline;
}
#menu li a.link03:active {
        font-weight: bold;
        color: #F30;
        background-image: url(../images/7004.jpg);
        background-repeat: no-repeat;
        text-decoration: none;
}
#menu li a.link03:visited {
        font-weight: bold;
        color: #FFF;
        background-color: #959595;
        text-decoration: none;
}
#menu li a.link04:link {
        font-weight: bold;
        color: #FFF;
        background-color: #898989;
        text-decoration: none;
}
#menu li a.link04:hover {
        font-weight: bold;
        color: #F00;
        background-image: url(../images/7004.jpg);
        background-repeat: no-repeat;
        text-decoration: underline;
}
#menu li a.link04:active {
        font-weight: bold;
        color: #F30;
        background-image: url(../images/7004.jpg);
        background-repeat: no-repeat;
        text-decoration: none;
}
```

```
#menu li a.link04:visited {
    font-weight: bold;
    color: #FFF;
    background-color: #898989;
    text-decoration: none;
}
#menu li a.link05:link {
    font-weight: bold;
    color: #FFF;
    background-color: #7D7D7D;
    text-decoration: none;
}
#menu li a.link05:hover {
    font-weight: bold;
    color: #F00;
    background-image: url(../images/7004.jpg);
    background-repeat: no-repeat;
    text-decoration: underline;
}
#menu li a.link05:active {
    font-weight: bold;
    color: #F30;
    background-image: url(../images/7004.jpg);
    background-repeat: no-repeat;
    text-decoration: none;
}
#menu li a.link05:visited {
    font-weight: bold;
    color: #FFF;
    background-color: #7D7D7D;
    text-decoration: none;
}
```

第8章 设计表格样式

表格可以规范有序地存放信息，是网页的一个重要元素。表格不仅可以用来布局网页，实现网页元素的精确定位，还可以用表格样式来美化网页。

本章要点

◎ 在网页中插入表格的表格标签、行标签和单元格标签；
◎ 应用表格 +CSS 样式布局网页。

 ## 8.1 设计表格

设计表格

一、案例导入

近年来，国家出台了网络安全法、国家网络空间安全战略，开展了移动互联网应用违法违规收集使用个人信息专项治理，建立了关键信息基础设施安全保护制度等一系列关乎个人、国家的网络安全举措，组建了维护网络安全的"安全网络"，为实现从"网络大国"通往"网络强国"奠定了基础。

从事网络相关工作，要本着对国家负责、对社会负责、对人民负责的态度，培养良好的职业素养，提高网络安全意识，做好数据安全防护。下面参考图 8-1-1 设计一张收集用户信息的表格。

本案例是一张 15 行、7 列的表格，用来收集个人信息。在插入表格的过程中，会应用到表格单元格的横向合并和纵向合并，单元格文本居中，行高、列宽等设置。具体设计如下：

(1) 应用 table 标签插入表格，tr 标签添加行，td 标签添加单元格。

(2) "照片""学习经历""工作经历"单元格使用了 rowspan 属性列向合并，"起止年月""就读 (培训学校)""专业 / 课程"等单元格使用了 colspan 属性横向合并。

(3) 单元格的行高通过 tr 标签的 height 属性进行调整，列宽通过 td 标签的 width 属性进行调整。

(4) 添加鼠标悬停在单元格上时单元格背景颜色改变的 CSS 样式。

个人简历

姓名		性别		出生年月		
民族		政治面貌		婚姻状况		照片
现所在地		籍贯		学历		
毕业学校		专业				
学习经历	起止年月		就读（培训学校）		专业/课程	
工作经历	起止年月		工作单位		工作岗位	
求职意向						

图 8-1-1

二、知识点导入

表格由行和列组成，行和列交叉形成单元格。在 HTML 中，表格由 table 标签定义，行标签是 tr。每一行由多个单元格组成，单元格标签是 td。

1. table 标签及其属性详解

table 标签表示表格的范围、外框，用来定义表格。表格的其他标签包含在 table 标签里面，具体属性描述见表 8-1-1。

表 8-1-1　table 标签具体属性描述

属　性	解　释
border=" "	表示表格边框线的粗细，以像素为单位
cellspacing=" "	表示单元格和单元格之间的距离，值越大，间距越大
cellpadding=" "	表示单元格边框和内容之间的距离，值越大，间距越大
width=" "	表示表格的宽度
height=" "	表示表格的高度
bgcolor=" "	表示表格的背景颜色

2. caption 标签及其属性详解

caption 标签用来制定表格的标题或者说明。caption 是 table 的子标签，必须放在 table 中使用。caption 的 align 属性可以设置标题的位置，但是该属性在 HTML5 中已经被废弃，不推荐使用，建议使用 CSS 样式设置。

3. tr 标签及其属性详解

tr 标签用来添加表格的行，具体属性描述见表 8-1-2。

表 8-1-2　tr 标签具体属性描述

属　　性	解　　释
align="center/left/right"	规定表格内文本的对齐方式：居中 / 左对齐 / 右对齐
bgcolor=" "	规定表格行的背景颜色
valign="top/bottom"	规定表格行中内容的垂直对齐方式：上对齐 / 底部对齐

4. th 标签及其属性详解

th 标签用来定义表格的标题单元格。th 是 tr 标签的子标签，必须放在 tr 标签里面。tr 标签的内容会自动居中对齐并加粗文字。

5. td 标签及其属性详解

td 标签用来在 tr 中添加单元格，它是 tr 的子标签，必须放在 tr 标签里面。td 标签的主要属性描述见表 8-1-3。

表 8-1-3　td 标签的主要属性描述

属　　性	解　　释
align="center/left/right"	表示表格中的文本居中 / 左对齐 / 右对齐
colspan	表示单元格横跨的列数
rowspan	表示单元格跨越的行数

6. thead/tfoot/tbody 标签

thead/tfoot/tbody 标签可以分别划分表格的各个区域，具体属性描述见表 8-1-4。

表 8-1-4　thead/tfoot/tbody 标签具体属性描述

属　　性	解　　释
thead	表格的表头，浏览器解析的内容放置在 tbody 和 tfoot 前面
tbody	表格的主体，浏览器解析的内容放置在 tfoot 的前面
tfoot	表格的页脚，浏览器解析的内容放置在表格的最下面

thead/tfoot/tbody 三个标签也是要放置在 table 标签里面，浏览器解析结果与这三个标签的书写顺序无关。

【例 8-1】　巧用 thead/tfoot/tbody 标签为如图 8-1-2 所示的表格设置单元格的背景颜色。

图 8-1-2

布局代码如下：

```
<body>
    <table>
        <thead style="background:#f00;">
        <tr>
            <td> 单元格 </td>
            <td> 单元格 </td>
        </tr>
    </thead>
    <tbody style="background:#0f0;">
        <tr>
            <td> 单元格 </td>
            <td> 单元格 </td>
        </tr>
        <tr>
            <td> 单元格 </td>
            <td> 单元格 </td>
        </tr>
        <tr>
            <td> 单元格 </td>
            <td> 单元格 </td>
    </tr>
    </tbody>
    <tfoot style="background:#00f;">
        <tr>
            <td> 单元格 </td>
            <td> 单元格 </td>
        </tr>
    </tfoot>
    </table>
    </body>
```

7. colgroup 标签

colgroup 标签用来组合列，它的 span 属性可以设置组合列的数目；它可以包含一个子标签 col；colgroup 标签为 table 标签的子标签，必须放在 caption 标签之后，thead 标签之前。

【例 8-2】 巧用 colgroup 标签为如图 8-1-3 所示的表格设置各列的不同背景颜色。

单元格	单元格	单元格	单元格
单元格	单元格	单元格	单元格
单元格	单元格	单元格	单元格

图 8-1-3

布局代码如下：

```
<body>
    <table border="1" cellpadding="0" cellspacing="0">
        <colgroup span="1" style="width:100px;background:red;"></colgroup>
        <colgroup span="2" style="width:150px;background:pink;"></colgroup>
        <colgroup span="3" style="width:200px;background:#c9c9c9;"></colgroup>
        <tr>
            <td> 单元格 </td>
            <td> 单元格 </td>
            <td> 单元格 </td>
            <td> 单元格 </td>
        </tr>
        <tr>
            <td> 单元格 </td>
            <td> 单元格 </td>
            <td> 单元格 </td>
            <td> 单元格 </td>
        </tr>
        <tr>
            <td> 单元格 </td>
            <td> 单元格 </td>
            <td> 单元格 </td>
            <td> 单元格 </td>
        </tr>
    </table>
```

效果：将表格的第一列宽度设置为 100 px，背景颜色设置为红色；第二列和第三列的宽度设置为 150 px，背景颜色设置为粉红色；第四列的宽度设置为 200 px，背景颜色设置为灰色。

8. col 标签

col 标签用来设定列的属性，也可以使用 span 属性来表示列数，没有 span 仅表示一列。col 标签一般作为 colgroup 标签的子标签配合使用。

【例 8-3】 巧用 col 标签为如图 8-1-4 所示的表格设置各列的不同背景颜色。

单元格	单元格	单元格	单元格
单元格	单元格	单元格	单元格
单元格	单元格	单元格	单元格

图 8-1-4

布局代码如下：

```
<table width="500" border="1" cellpadding="0" cellspacing="0">
        <colgroup span="3" style="width:100px;">
            <col style="background:#f00;">
```

```
                <col style="background:#0f0;">
                <col style="background:#c9c9c9;">
        </colgroup>
        <tr>
                <td> 单元格 </td>
                <td> 单元格 </td>
                <td> 单元格 </td>
                <td> 单元格 </td>
        </tr>
        <tr>
                <td> 单元格 </td>
                <td> 单元格 </td>
                <td> 单元格 </td>
                <td> 单元格 </td>
        </tr>
        <tr>
                <td> 单元格 </td>
                <td> 单元格 </td>
                <td> 单元格 </td>
                <td> 单元格 </td>
        </tr>
</table>
```

效果：依次将表格第一列的背景颜色设置为红色，第二列的背景颜色设置为绿色，第三列的背景颜色设置为灰色。

三、案例实现

布局代码如下：

```
<body>
        <table width="1000" height="600" cellpadding="0" cellspacing="0">
        <caption> 个人简历 </caption>
        <tr width="100%">
                <td> 姓名 </td>
                <td></td>
                <td> 性别 </td>
                <td></td>
                <td> 出生年月 </td>
                <td></td>
                <td rowspan="4"> 照片 </td></tr>
        <tr>
                <td> 民族 </td>
                <td></td>
                <td> 政治面貌 </td>
                <td></td>
```

```
        <td> 婚姻状况 </td>
        <td></td>
    </tr>
    <tr>
        <td> 现所在地 </td>
        <td></td>
        <td> 籍贯 </td>
        <td></td>
        <td> 学历 </td>
        <td></td>
    </tr>
    <tr>
        <td> 毕业学校 </td>
        <td colspan="2">
        </td><td> 专业 </td>
        <td colspan="2">
        </td>
    </tr>
    <tr>
        <td rowspan="5"> 学习经历 </td>
        <td colspan="2"> 起止年月 </td>
        <td colspan="2"> 就读 ( 培训学校 )</td>
        <td colspan="2"> 专业 / 课程 </td>
    </tr>
    <tr>
        <td colspan="2"></td>
        <td colspan="2"></td>
        <td colspan="2"></td>
    </tr>
    <tr>
        <td colspan="2"></td>
        <td colspan="2"></td>
        <td colspan="2"></td>
    </tr>
    <tr>
        <td colspan="2"></td>
        <td colspan="2"></td>
        <td colspan="2"></td>
    </tr>
    <tr>
        <td colspan="2"></td>
```

```
                    <td colspan="2"></td>
                    <td colspan="2"></td>
            </tr>
            <tr align="center">
                    <td rowspan="5"> 工作经历 </td>
                    <td colspan="2"> 起止年月 </td>
                    <td colspan="2"> 工作单位 </td>
                    <td colspan="2"> 工作岗位 </td>
            </tr>
            <tr>
                    <td colspan="2"></td>
                    <td colspan="2"></td>
                    <td colspan="2"></td>
            </tr>
            <tr>
                    <td colspan="2"></td>
                    <td colspan="2"></td>
                    <td colspan="2"></td>
            </tr>
            <tr>
                    <td colspan="2"></td>
                    <td colspan="2"></td>
                    <td colspan="2"></td>
            </tr>
            <tr>
                    <td colspan="2"></td>
                    <td colspan="2"></td>
                    <td colspan="2"></td>
            </tr>
            <tr>
                    <td> 求职意向 </td>
                    <td colspan="6"></td>
            </tr>
        </table>
    </body>
```

CSS 代码如下:

```
table{margin:50px auto;border:2px solid gray;letter-spacing;}
caption{font-weight:bold;font-size:30px;letter-spacing:5px;}
tr,td{text-align:center;}
tr{height:40px;}
```

td{width:120px;font-size:16px;font-weight:bold;border:1px solid gray;}
td:hover{background:#E8E8FF;}

 ## 8.2 定义表格样式

定义表格样式

一、案例导入

本案例将为一家生产企业设计一份产品报价表页面，效果如图 8-2-1 所示。

编号	型号	产品名称	转速	温度	价格（元）
QHZ系列恒温、全温振荡培养箱					
1	QHZ-98A	全温度振荡培养箱，特种电机（智能型控制）	50-280rpm LED显示	5-50℃ LED显示	22800
2	QHZ-98B	全温度光照振荡培养，特种电机（智能型控制）	50-280rpm LED显示	10-50℃ LED显示	26800
3	QHZ-DA	全温度大容量振荡培养箱，特种电机(智能型控制)	50-280rpm LED显示	5-50℃ LED显示	25800
4	QHZ-DA	高温恒温振荡器,特种电机	50-280rpm LED显示	室温-80℃ LED显示	19800
5	THZ-25	大容量恒温振荡器，特种电机	50-280rpm LED显示	室温-50℃ LED显示	17800
QHZ系列组合式（叠加）恒温、全温振荡培养箱					
6	QHZ-123A	组合式恒温振荡培养箱(三层叠加智能型控制)	50-300rpm LED显示	室温-60℃ LED显示	58800
7	QHZ-123B	组合式全温振荡培养箱(三层叠加智能型控制)	50-280rpm LED显示	5-60℃ LED显示	78800
8	QHZ-12A	组合式恒温振荡培养箱(二层叠加智能型控制)	50-280rpm LED显示	室温-60℃ LED显示	40800
9	QHZ-12B	组合式全温振荡培养箱(二层叠加智能型控制)	50-280rpm LED显示	5-60℃ LED显示	55800
QHZ系列组合式（叠加）恒温、全温振荡培养箱					
10	DQHZ-2001A	大容量全温度振荡培养箱（智能型控制）	50-280rpm LED显示	5-50℃ LED显示	27800
11	DQHZ-2001B	大容量全温度振荡培养箱（智能型控制）	50-280rpm 振幅：26mm	5-50℃ LED显示	29800
12	DHZ-2001A	大容量恒温振荡器（智能型控制）	50-280rpm 振幅：26mm	室温-50℃ LED显示	19800
13	QDHZ-2001B	大容量恒温振荡器（智能型控制）	50-280rpm 振幅：26mm	室温-50℃ LED显示	21800
TDHZ系列大容量恒温、全温振荡培养箱					
14	TQHZ-2002A	特大容量全温振荡培养箱，（智能型控制）	50-250rpm LED显示	5-50℃ LED显示	38800
15	TQHZ-2002B	特大容量全温振荡培养箱，往复型变频电机	50-200rpm LED显示	5-50℃ LED显示	41800

生化仪器新产品目录与单价

图 8-2-1

本案例应用 CSS 给表格添加边框，给行和列添加背景颜色。当表格行超出一页的显示范围时，把表格的标题和列标题进行"sticky"定位，使表格的标题和列标题能够始终定位在页面上，便于查看表格中的信息。

具体设计如下：

(1) 插入一个 div 盒子，输入表格的标题，并将标题设置为水平居中和垂直居中。

(2) 在 div 盒子的下面插入表格。

(3) 设置表格单元合并、文本居中。

(4) 用 collapse 和 col 标签设置第一列和第二列的背景颜色。

(5) 将 div 盒子和表格的标题行 "th" 进行 "sticky" 定位。

二、知识点导入

(1) 设置是否把表格边框合并为单一的边框。

基本语法：

  border-collapse:separate(默认值)|collapse

其中：separate 表示表格边框不合并；collapse 表示表格边框合并。

(2) 设置分隔单元格边框的距离。

基本语法：

  border-spacing:x y(单位可用 px、cm);

其中：x、y 表示规定相邻单元的边框之间的距离，不允许使用负值。默认不定义。

(3) 设置表格标题的位置。

基本语法：

  caption-side:top(默认值)|bottom

其中：top 表示把表格标题定位在表格之上；bottom 表示把表格标题定位在表格之下。

(4) 设置是否显示表格中的空单元格。

基本语法：

  empty-cells:show(默认值)| hide

其中：show 表示在空单元格周围绘制边框；hide 表示不在空单元格周围绘制边框。

(5) 设置显示宽度是否随内容拉伸。

基本语法：

  table-layout:auto(默认值)|fixed

其中：auto 表示表格列的宽度会随着内容拉伸；fixed 表示列宽由表格宽度和列宽度设定。

三、案例实现

布局代码如下：

```
<body>
    <div> 生化仪器新产品目录与单价 </div>
    <table>
        <colgroup span="2">
            <col style="background:#99B4D1;">
            <col style="background:#C8C8C8;">
        </colgroup>
        <tr class="tit">
```

```
        <th> 编号 </th>
        <th> 型号 </th>
        <th> 产品名称 </th>
        <th> 转速 </th>
        <th> 温度 </th>
        <th> 价格 ( 元 )</th>
</tr>
<!-- 第一个系列 -->
<tr><td colspan="6" class="hengwen">QHZ 系列恒温、全温振荡培养箱 </td></tr>
<tr>
        <td>1</td>
        <td>QHZ-98A</td>
        <td> 全温度振荡培养箱，特种电机 ( 智能型控制 )</td>
        <td>50-280rpm<br/>LED 显示 </td>
        <td>5-50℃ <br/>LED 显示 </td>
        <td>22800</td>
</tr>
<tr>
        <td>2</td>
        <td>QHZ-98B</td>
        <td> 全温度光照振荡培养，特种电机 ( 智能型控制 )</td>
        <td>50-280rpm<br/>LED 显示 </td>
        <td>10-50℃ <br/>LED 显示 </td>
        <td>26800</td>
</tr>
<tr>
        <td>3</td>
        <td>QHZ-DA</td>
        <td> 全温度大容量振荡培养箱，特种电机 ( 智能型控制 )</td>
        <td>50-280rpm<br/>LED 显示 </td>
        <td>5-50℃ <br/>LED 显示 </td>
        <td>25800</td>
</tr>
<tr>
        <td>4</td>
        <td>QHZ-DA</td>
        <td> 高温恒温振荡器 , 特种电机 </td>
        <td>50-280rpm<br/>LED 显示 </td>
        <td> 室温 -80℃ <br/>LED 显示 </td>
        <td>19800</td>
</tr>
<tr>
        <td>5</td>
```

```
<td>THZ-25</td>
<td> 大容量恒温振荡器，特种电机 </td>
<td>50-280rpm<br/>LED 显示 </td>
<td> 室温 -50℃ <br/>LED 显示 </td>
<td>17800</td>
</tr>
<!-- 第二个系列 -->
<tr><td colspan="6" class="hengwen">QHZ 系列组合式 ( 叠加 ) 恒温、全温振荡培养箱
</td></tr>
<tr>
<td>6</td>
<td>QHZ-123A</td>
<td> 组合式恒温振荡培养箱 ( 三层叠加智能型控制 )</td>
<td>50－300rpm<br/>LED 显示 </td>
<td> 室温－60℃ <br/>LED 显示 </td>
<td>58800</td>
</tr>
<tr>
<td>7</td>
<td>QHZ-123B</td>
<td> 组合式全温振荡培养箱 ( 三层叠加智能型控制 )</td>
<td>50-280rpm<br/>LED 显示 </td>
<td>5－60℃ <br/>LED 显示 </td>
<td>78800</td>
</tr>
<tr>
<td>8</td>
<td>QHZ-12A</td>
<td> 组合式恒温振荡培养箱 ( 二层叠加智能型控制 )</td>
<td>50-280rpm<br/>LED 显示 </td>
<td> 室温－60℃ <br/>LED 显示 </td>
<td>40800</td>
</tr>
<tr>
<td>9</td>
<td>QHZ-12B</td>
<td> 组合式全温振荡培养箱 ( 二层叠加智能型控制 ) </td>
<td>50-280rpm<br/>LED 显示 </td>
<td>5－60℃ <br/>LED 显示 </td>
<td>55800</td>
</tr>
```

```
<!-- 第三个系列 -->
    <tr><td colspan="6" class="hengwen">QHZ 系列组合式 ( 叠加 ) 恒温、全温振荡培养箱
</td></tr>
    <tr>
        <td>10</td>
        <td>DQHZ－2001A</td>
        <td> 大容量全温度振荡培养箱 ( 智能型控制 )</td>
        <td>50－280rpm<br/>LED 显示 </td>
        <td>5－50℃ <br/>LED 显示 </td>
        <td>27800</td>
    </tr>
    <tr>
        <td>11</td>
        <td>DQHZ－2001B</td>
        <td> 大容量全温度振荡培养箱 ( 智能型控制 )</td>
        <td>50-280rpm<br/> 振幅：26mm</td>
        <td>5－50℃ <br/>LED 显示 </td>
        <td>29800</td>
    </tr>
    <tr>
        <td>12</td>
        <td>DHZ－2001A</td>
        <td> 大容量恒温振荡器 ( 智能型控制 )</td>
        <td>50-280rpm<br/> 振幅：26mm</td>
        <td> 室温－50℃ <br/>LED 显示 </td>
        <td>19800</td>
    </tr>
    <tr>
        <td>13</td>
        <td>QDHZ－2001B</td>
        <td> 大容量恒温振荡器 ( 智能型控制 ) </td>
        <td>50-280rpm<br/> 振幅：26mm</td>
        <td> 室温－50℃ <br/>LED 显示 </td>
        <td>21800</td>
    </tr>
    <!-- 第四个系列 -->
    <tr><td colspan="6" class="hengwen">TDHZ 系列大容量恒温 、全温振荡培养箱 </
td></tr>
    <tr>
        <td>14</td>
        <td>TQHZ－2002A</td>
```

```
        <td> 特大容量全温振荡培养箱，( 智能型控制 )</td>
        <td>50－250rpm<br/>LED 显示 </td>
        <td>5－50℃ <br/>LED 显示 </td>
        <td>38800</td>
    </tr>
    <tr style="border-bottom:28px solid #99CCFF;">
        <td>15</td>
        <td>TQHZ－2002B</td>
        <td> 特大容量全温振荡培养箱，往复型变频电机 </td>
        <td>50－200rpm<br/>LED 显示 </td>
        <td>5－50℃ <br/>LED 显示 </td>
        <td>41800</td>
    </tr>
    </table>
</body>
```

CSS 代码如下：

```
* {
    margin: 0;
    padding: 0;
    box-sizing: border-box;
}

div {
    margin: 0 auto;
    width: 1000px;
    height: 60px;
    line-height: 60px;
    background: #92D050;
    font-size: 25px;
    font-weight: bold;
    text-align: center;
    border-bottom: 1px solid #000;
}

table {
    margin: 0 auto;
    width: 1000px;
    border-collapse: collapse;
}
```

```
/* 将 table、th、td 的边框合并 */
div {
    position: sticky;
    top: 0;
    left: 0;
}

/* 定位表格标题 */
th {
    position: sticky;
    top: 59px;
    left: 0;
    background: #92D050;
}

/* 定位表格列标题 */
tr {
    width: 100%;
    height: 25px;
    line-height: 25px;
}

.tit,
.hengwen {
    height: 40px;
}

.tit {
    letter-spacing: 2px;
}

.hengwen {
    font-weight: bold;
    background: #99CCFF;
}

th,
td {
    border: 1px solid #000;
    text-align: center;
}
```

```
.hengwen {
    text-align: left;
}
```

8.3　案例实战——应用表格布局网页

一、设计要求

用表格将网页布局成页头、主体内容和页脚三部分，表格的背景颜色采用渐变填充，主体部分左右布局，效果如图 8-3-1 所示。

应用表格布局网页

图 8-3-1

二、设计分析

(1) 在网页中插入一个三行五列的表格，分别为页头、主体内容和页脚。

(2) 表格颜色从左上角到右下角渐变填充。

(3) 表格第一行添加下边框，第三行添加上边框。

(4) 主体内容的左边用列表添加导航栏，右边的四个单元格分别插入四张图片。

(5) 调整图片格式，大小一致；添加鼠标悬停图片加边框效果。

三、设计实现

布局代码如下：

```
<body>
    <table>
        <thead>
            <tr><td colspan="5"> 诗词与国画赏析 </td></tr>
        </thead>
```

```
        <tbody>
            <tr>
                <td>
                    <ul>
                        <li><a href="#"> 首页 </a></li>
                        <li><a href="#"> 作者简介 </a></li>
                        <li><a href="#"> 浪淘沙 </a></li>
                        <li><a href="#"> 虞美人 </a></li>
                        <li><a href="#"> 相见欢 </a></li>
                    </ul>
                </td>
                <td><img src="images/gh1.jpg"/></td>
                <td><img src="images/gh2.jpg"/></td>
                <td><img src="images/gh3.jpg"/></td>
                <td><img src="images/gh4.jpg"/></td>
                </td>
            </tr>
        </tbody>
        <tfoot>
            <tr>
                <td colspan="5">
                    如果说中国是诗的国度，那么唐诗就是中国诗歌发展史的高峰和瑰宝。
</br> 唐诗，虽然只有短短的几行字，却凝聚着几代中国人的精神力量。</br> 那简洁而又
生动的语言，似乎在向我们诉说着中国曾经的历史文化。
                </td>
            </tr>
        </tfoot>
    </table>
</body>
```

CSS 代码如下：

```
* {
    margin: 0;
    padding: 0;
}

* {
    box-sizing: border-box;
}

table {
    width: 85%;
    height: 900px;
    margin: 0 auto;
```

```
        background: linear-gradient(to left top, #66CCFF 10%, #fff 90%);
        border-collapse: collapse;
        table-layout: fixed;
    }


    /* 设置表格的宽度不随内容拉伸 */
    tr {
        width: 100%;
    }


    td {
        text-align: center;
    }


    thead>tr {
        height: 150px;
        color: red;
        border-bottom: 3px solid blue;
    }


    /*table,th,td 有独立的边框，tr 无边框。将表格的 border-collapse 设置为 collapse, 将 table,th,td
     的边框合成单一的边框，tr 就可以设置边框 */
    thead>tr>td {
        font-family: " 隶书 ";
        font-size: 80px;
        color: rgba(255, 255, 0, 0.6);
        text-shadow: 3px 3px 3px gray;
        text-align: center;
    }


    tbody>tr {
        height: 620px;
    }


    tfoot>tr {
        height: 100px;
        border-top: 3px solid blue;
    }


    ul {
        width: 100%;
        height: 100%;
        list-style: none;
```

```
        padding-top: 100px;
        padding-left: 20%;
    }

    ul>li {
        width: 80%;
        height: 50px;
        line-height: 50px;
        margin-top: 30px;
        background: #FFA500;
        border-radius: 25px;
        text-align: center;
    }

    ul>li>a {
        text-decoration: none;
        font-size: 26px;
        color: rgba(0, 0, 255, 0.8);
    }

    ul>li>a:hover {
        font-weight: bold;
    }

    img {
        width: 95%;
        height: 600px;
    }

    td:hover img {
        border: 15px ridge rgba(200, 60, 30, 0.6)
    }

    tfoot>tr>td {
        text-align: center;
        font-size: 16px;
        color: rgba(255, 255, 0, 0.9);
    }
```

第9章　设计列表样式

在制作网页时，列表经常被用到写提纲和品种说明书，通过列表标签的使用能使这些内容在网页中条理清晰、层次分明、格式美观地表现出来。本章将重点介绍列表标签的使用。

本章要点

◎ 设计列表；
◎ 定义列表样式；
◎ 掌握列表布局。

9.1 设计列表

设计列表

为了使网页更易读，经常需要将网页信息以列表的形式呈现。为了满足网页排版的需求，HTML 语言提供了 3 种常用的列表，分别为无序列表、有序列表和定义列表，本节将对这 3 种列表进行详细介绍。

一、案例导入

网页中的列表导航是组成网页的一个重要部分，在整个网页中起到关键性作用。我们在设计网页时，不仅要考虑整体，对于组成网页的部分，也要掌握。我们在日常的学习生活中，看待问题也要正确处理好整体与部分的关系，把局部问题处理好，这样才能使整体功能得到最大的发挥。

巧用列表嵌套，设计如图 9-1-1 所示的页面导航，一级列表包括页面主导航，鼠标移至主导航列表能够向下弹出二级列表内容，列表颜色设置为绿色。

图 9-1-1

本案例是一个常见的菜单导航，由两个无序列表嵌套显示。通过鼠标浮动效果，可以把隐藏的二级菜单显示出来。通过本案例的学习，可以掌握无序列表的基本使用方法，列表嵌套使用方法，以及列表与鼠标浮动事件相结合，设计出动态的二级菜单效果。

完成本案例需要进行如卜操作：

(1) 设计一个父级元素，宽度为 100%，高度为 55 px。

(2) 定义一个无序列表，并且在里面嵌套 <a> 标签，设计 <a> 标签的样式，使文字居中显示。

(3) 在 <li> 中间嵌套一个无序列表，可以设置其初始状态为隐藏，当鼠标经过其父级 <li> 时设置显示。

二、知识点导入

1. 基本语法

1) 无序列表 (ul)

无序列表是网页中最常用的列表，之所以称为无序列表，是因为其各个列表项之间没有顺序级别之分，通常是并列的。使用 <ul> 标签定义无序列表，使用 <li> 标签定义具体的列表项，<li> 标签嵌套在 <ul> 标签内。<ul> 和 <li> 标签都是成对出现的。

无序列表的基本语法格式如下：

```
<ul>
    <li> 列表项 1</li>
    <li> 列表项 2</li>
    <li> 列表项 3</li>
</ul>
```

2) 有序列表 (ol)

有序列表即为有排列顺序的列表，其各个列表项按照一定的顺序排列。使用 <ol> 标签定义无序列表，使用 <li> 标签定义具体的列表项，<li> 标签嵌套在 <ol> 标签内。

有序列表的基本语法格式如下：

```
<ol>
    <li> 列表项 1</li>
    <li> 列表项 2</li>
    <li> 列表项 3</li>
</ol>
```

3) 定义列表 (dl)

定义列表常用于对术语或名词进行解释和描述，与无序和有序列表不同，定义列表的列表项前没有任何项目符号。自定义列表以 <dl> 开头，每个自定义列表项以 <dt> 开头，每个自定义列表项的定义以 <dd> 开头。

定义列表的基本语法格式如下：

```
<dl>
<dt> 列表项 1</dt>
```

```
<dd> 列表项 1 定义 </dd>
<dt> 列表项 2</dt>
<dd> 列表项 2 定义 </dd>
</dl>
```

2. 基础案例操作

1) 无序列表

无序列表是一个项目的列表，此列项目使用粗体圆点 (典型的小黑圆圈) 进行标记。

【例 9-1】 基本无序列表，设计如图 9-1-2 所示。

- Coffee
- Milk

图 9-1-2

布局代码如下：

```
<ul>
<li>Coffee</li>
<li>Milk</li>
</ul>
```

无序列表可以分为一级无序列表和多级无序列表。一级无序列表在浏览器中解析后，会在列表 <li> 标签前面添加一个小黑点的修饰符，而多级无序列表则会根据级数而改变列表前面的修饰符。

【例 9-2】 层嵌套的多级列表结构，在无修饰情况下，浏览器默认解析时的显示效果如图 9-1-3 所示。

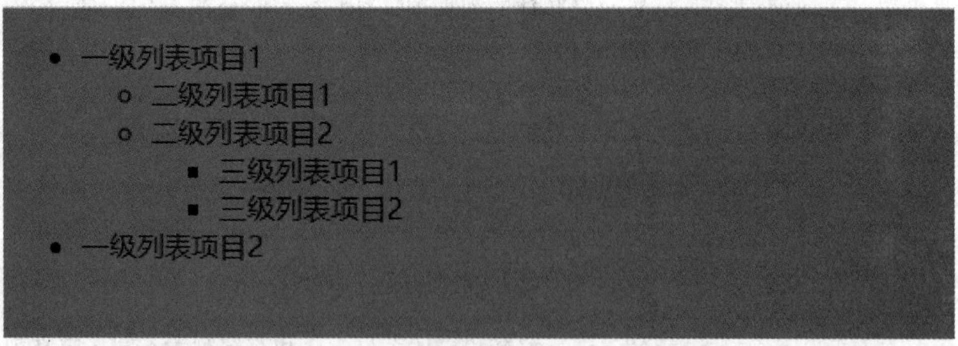

- 一级列表项目1
  - 二级列表项目1
  - 二级列表项目2
    - 三级列表项目1
    - 三级列表项目2
- 一级列表项目2

图 9-1-3

布局代码如下：

```
<ul>
    <li> 一级列表项目 1
    <ul>
```

```
            <li> 二级列表项目 1</li>
            <li> 二级列表项目 2
    <!-- 二级列表嵌套 -->
                <ul>
                    <li> 三级列表项目 1</li>
                    <li> 三级列表项目 2</li>
                </ul>
            </li>
        </ul>
    </li>
    <li> 一级列表项目 2</li>
</ul>
```

无序列表在嵌套结构中随着其包含的列表级数的增加而逐渐缩进，并且随着列表级数的增加而改变不同的修饰符。合理地使用 HTML 标签能让页面的结构更加清晰，相对更符合语义。

2) 有序列表

有序列表也是一列项目，列表项目使用数字进行标记。例 9-3 使用阿拉伯数字编号。

【例 9-3】 基本有序列表，设计如图 9-1-4 所示。

图 9-1-4

布局代码如下：

```
<ol>
<li>Coffee</li>
<li>Milk</li>
</ol>
```

3) 定义列表

自定义列表不仅仅是一列项目，而是项目及其注释的组合。

【例 9-4】 基本定义列表，设计如图 9-1-5 所示。

图 9-1-5

布局代码如下：

```
<dl>
```

```
<dt>Coffee</dt>
<dd>Black hot drink</dd>
<dt>Milk</dt>
<dd>White cold drink</dd>
</dl>
```

使用标签时需注意以下几个问题：

(1) <dl> 标签必须与 <dt> 标签相邻，<dd> 标签需要相对于一个 <dt> 标签。

(2) <dl>、<dt> 和 <dd> 三个标签之间不允许出现第四者。

(3) 标签必须成对出现，嵌套要合理。

三、案例实现

布局代码如下：

```
<div class="contain">
<!-- 定义无序列表 -->
    <ul class="nav">
        <li ><a href="#"> 首页 </a></li>
        <li ><a href="#"> 教务管理系统 </a></li>
        <li ><a href="#"> 资源中心 </a></li>
        <li ><a href="#"> 专业资源库 </a></li>
        <li ><a href="#"> 教发中心 </a></li>
        <li ><a href="#"> 校园导航
<!-- 无序列表嵌套 -->
            <ul class="childUl">
                <li> 学校首页 </li>
                <li> 校直部门 </li>
                <li> 平台使用指南 </li>
            </ul>
        </a>
        </li>
        <li ><a href="#"> 职业技能鉴定 </a></li>
        <li ><a href="#"> 质量工程 </a></li>
        <li ><a href="#"> 使用指南
        <ul class="childUl">
            <li> 平台使用指南 </li>
        </ul>
        </a>
        </li>
    </ul>
</div>
```

CSS 代码如下：

```
*{margin:0;padding:0;}
```

```
.contain {
    height: 55px;
    width: 100%;
    background-color: rgb(102, 102, 102);
}


.nav {
    width: 1226px;
    height: 55px;
    margin: 0 auto;
}


.nav>li {
    float: left;
    list-style: none;
}


/* 定义列表水平布局 */
.nav li a {
    color: #fff;
    font-size: 20px;
    padding: 0 20px;
    text-decoration: none;
    display: inline-block;
    line-height: 55px;
    text-align: center;
}


/* 把 <a> 标签行内元素转换为行内块元素 */
.childUl {
    display: none;
}


/* 把二级列表设置为隐藏 */
.childUl li {
    list-style: none;
}


.nav li a:hover {
    background-color: rgb(0, 116, 49);
}
```

```
.nav li a:hover .childUl {
    display: block;
}
```

定义列表样式

/* 鼠标浮过，二级列表设置为显示 */

9.2 定义列表样式

一成不变的列表样式很多时候并不能适应风格各异的网页页面效果，因此本节将介绍如何定义列表样式。

一、案例导入

微信，几乎可以说是近十年来最广为人知的应用程序，这个应用程序甚至改变了很多人的生活方式。人是环境的反应器，我们的所思所想都是受外界环境刺激所产生的。微信这个被营造出来的"环境"非常成功，使得身处其中的我们已经慢慢意识不到这个"环境"是人为创造的，而当成世界理所应当的一部分去接受，所以说人可以改变环境，更可以创造生活。

本案例主要介绍微信官网导航制作，效果如图 9-2-1 所示。

图 9-2-1

本案例模仿微信官网的导航，主要用到了滑动门技术，这在网页布局中十分常用，能够使背景自适应文本的长度，从而减少代码量的编写，优化代码结构。通过本案例可以学到滑动门技术的应用，并可以更加熟练地掌握列表布局。

完成本案例需要进行如下操作：

(1) 设计一个整体的父级元素，宽度为 968 px，高度为 75 px，并让其居中显示。

(2) 观察本案例的布局，本案例可分为左边"微信"图片和右边菜单导航两部分。

(3) 左边"微信"图片部分可以用 <a> 标签进行定义，通过将其转换为行内块元素，设置其宽高，并设置其背景图片。

(4) 右边的菜单导航采用无序列表布局，里面嵌套 <a> 标签和 <span> 标签分别控制滑动门中圆角的左边和圆角的右边。

(5) 通过背景图片定位的方法，切换背景图的显示。当鼠标经过时，改变背景图定位，从而达到背景图切换的效果。

二、知识点导入

1. 基本语法

CSS 使用 list-style-type 属性定义列表项目符号的类型，取值说明如表 9-2-1 所示。

表 9-2-1　list-style-type 属性的取值说明

值	描　述
None	无标记
Disc	默认，标记是实心圆
circle	标记是空心圆
square	标记是实心方块
decimal	标记是数字
decimal-leading-zero	0 开头的数字标记 (01、02、03 等)
lower-roman	小写罗马数字 (i、ii、iii、iv、v 等)
upper-roman	大写罗马数字 (I、II、III、IV、V 等)
lower-alpha	小写英文字母 The marker is lower-alpha (a、b、c、d、e 等)
upper-alpha	大写英文字母 The marker is upper-alpha (A、B、C、D、E 等)
lower-greek	小写希腊字母 (alpha、beta、gamma 等)
lower-latin	小写拉丁字母 (a、b、c、d、e 等)
upper-latin	大写拉丁字母 (A、B、C、D、E 等)

2. 基础案例操作

1) 定义列表类型

【例 9-5】 设计项目符号不同的列表，如图 9-2-2 所示。

图 9-2-2

布局代码如下：

```
<ol>
    <li type="1" value="1"> 魔兽世界 </li>          <!-- 阿拉伯数字排序 -->
```

```
        <li type="a"> 梦幻西游 </li>          <!-- 英文字母排序 -->
        <li type="I"> 诛仙 2</li>              <!-- 罗马数字排序 -->
    </ol>
```

2) 用背景图模拟项目符号

CSS 的 list-style-type 和 list-style-image 属性定义的项目符号还是比较简陋的，如果利用背景图来模拟列表结构的项目符号，则会极大地改善项目符号的灵活性和艺术水准。

使用背景图像定义项目符号需要掌握两个设计技巧：

第一，先隐藏列表结构的默认项目符号，方法是设置 list-style-type: none。

第二，为列表项定义背景图像，指定要显示的项目符号，利用背景图精确定位技术控制其显示位置。同时，增加列表项左侧空白，避免背景图被列表文本遮盖。

【例 9-6】 先清除列表的默认项目符号，然后为项目列表定义背景图，并定位到左侧垂直居中的位置，为了避免列表文本覆盖背景图像，定义左侧补白为一个字符宽度，这样就可以把列表信息向右方向缩进显示，效果如图 9-2-3 所示。

图 9-2-3

布局代码如下：

```
    <ul>
        <li> 新闻 </li>
        <li> 社区 </li>
        <li> 微博 </li>
        <li> 微信 </li>
    </ul>
```

CSS 代码如下：

```
    body{background: rgb(79,115,235);}
    li{list-style: none;list-style-image:
url(img/2.gif);width:100px;height:30px;}
        /* 用背景图模拟项目符号 */
```

3) 列表布局

列表结构默认显示为堆叠样式，并以缩进板式进行显示，但在一般网页中所看到的导航、菜单、列表等栏目会呈现多种版式，如水平布局、垂直布局，或水平与垂直混排布局等。

(1) 定义列表堆叠。

列表在默认状态下会以垂直布局形式显示，这是一种符合浏览习惯的布局效果。如图 9-2-4 所示，此类设计在新闻列表、分类列表等列表页或栏目中比较常见。

图 9-2-4

【例 9-7】　列表结构垂直布局的基本形式，设计如图 9-2-5 所示。

网站分类

软件工程
编程语言
软件设计
web前端
手机开发
所有随笔

图 9-2-5

布局代码如下：

```
<!-- 设置无序列表 -->
<p> 网站分类 </p>
    <ul>
```

```
                <li> 软件工程 </li>
                <li> 编程语言 </li>
                <li> 软件设计 </li>
                <li>web 前端 </li>
                <li> 手机开发 </li>
                <li> 所有随笔 </li>
            </ul>
```

CSS 代码如下：

```
    * {
        margin: 0;
        padding: 0;
    }

    li {
        list-style: none;
        width: 150px;
        height: 30px;
        border: 1px solid #ccc;
        text-align: center;
        line-height: 30px;
        background: rgb(248, 248, 232);
    }

    p {
        font-size: 24px;
        margin: 10px;
    }
```

(2) 定义水平布局。

水平布局能够控制列表结构在有限的行内显示，从而节省页面空间，这种布局方式多见于导航菜单、词条列表中。把大量的列表项目收缩在一行或几行内显示，可以更方便的浏览。

水平布局的设计技巧有：

① 用行内显示设计水平布局。一般是定义列表项目为行内显示，设计所有列表项目在同一行内显示。

② 用浮动显示设计水平布局。一般定义列表项目浮动显示。

【例 9-8】 列表水平布局的基本形式，设计如图 9-2-6 所示。

网站分类

软件工程	编程语言	软件设计	web前端	手机开发	所有随笔

图 9-2-6

布局代码如下：

```
<div class="contain">
    <p>网站分类</p>
    <ul>
        <li>软件工程</li>
        <li>编程语言</li>
        <li>软件设计</li>
        <li>web 前端</li>
        <li>手机开发</li>
        <li>所有随笔</li>
    </ul>
</div>
```

CSS 代码如下：

```css
* {
    margin: 0;
    padding: 0;
}

.contain {
    margin: 20px;
}

p {
    font-family: "blackadder itc";
    font-size: 24px;
}

li {
    list-style: none;
    float: left;
    padding: 10px;
    border: 1px solid #ccc;
    color: #fff;
    background: #000;
}
/* 定义列表水平布局 */
```

使用列表水平布局，可以轻松实现菜单导航效果，在网页设计中十分常见。

三、案例实现

布局代码如下：

```
<div class="contain">
    <div class="head">
        <a href="#"><img class="logo" src="img/dNEBuK6.png"></a>
```

```
<!-- 定义列表布局 -->
        <ul class="nav">
            <li><a href="#" class="curr"><span>首页 </span></a></li>
            <li><a href="#" class="nav-tag"><span>帮助与反馈 </span></a></li>
            <li><a href="#" class="nav-tag"><span>公众平台 </span></a></li>
            <li><a href="#" class="nav-tag"><span>开放平台 </span></a></li>
            <li><a href="#" class="nav-tag"><span>微信支付 </span></a></li>
            <li><a href="#" class="nav-tag"><span>微信网页版 </span></a></li>
            <li><a href="#" class="nav-tag"><span>表情开放平台 </span></a></li>
            <li><a href="#" class="nav-tag"><span>微信网页版 </span></a></li>
        </ul>
    </div>
</div>
```

CSS 代码如下:

```
* {
    margin: 0;
    padding: 0;
}

ul,
li {
    list-style: none;
}

a {
    text-decoration: none;
    color: #ffffff;
}

span {
    font-size: 16px;
}

.contain {
    width: 100%;
    background: url(img/3S9sFMD.jpg) repeat-x;
}

.head {
    width: 968px;
    height: 75px;
    margin: 0 auto;
}
```

```
.logo {
    float: left;
    height: 44px;
    margin-top: 14px;
}

/* 定义导航水平分布 */
.head .nav {
    float: right;
    padding-top: 21px;
}

.head .nav li {
    float: left;
}

.head .nav a {
    line-height: 33px;
    margin: 0 2px;
    padding-left: 14px;
    display: inline-block;
}

/* 行内元素转换为行内块元素 */
.nav span {
    padding-right: 14px;
    display: inline-block;
}

.nav a {
    background: url(img/lTcb_ve.png) no-repeat;
}

.nav span {
    background: url(img/lTcb_ve.png) no-repeat;
    background-position: right top;
}
```

 9.3　案例实战——列表布局导航菜单

菜单导航在网页设计中十分常见，各种各样的导航可以增加网页的趣味性，增强用户体验感，因此我们应该掌握多种菜单导航的编写技巧。

一、设计要求

如图 9-3-1 所示，通过一个无序列表，定义导航的基本样式，把导航的内容部分先设置隐藏，当鼠标经过的时候设置为显示状态。通过图片上小箭头的指示，显示内容图片的父级元素。通过本案例的学习可以掌握一个常用菜单导航的布局，还能学会伪类元素的用法以及在 CSS3 中如何用代码写出小箭头效果。

列表布局导航菜单

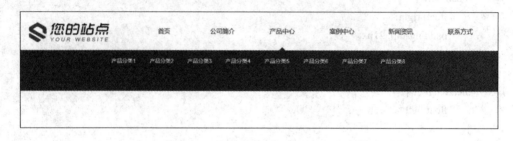

图 9-3-1

二、设计分析

(1) 设计一个父元素，宽度为 994 px，高度为 52 px，设置为居中显示。

(2) 用无序列表设计导航菜单的导航内容，文字用 <a> 标签进行包裹。

(3) 定义内容部分，先设置为隐藏，当鼠标经过其父元素时设置显示效果。

(4) 通过对小箭头 border 的设置，可以使其呈现出向上的箭头，并通过伪类元素选择器，把小箭头和二级菜单关联起来，这样每一个小箭头就会指向相关联的二级菜单。

三、设计实现

布局代码如下：

```
<header>
    <div class="wrap">
        <nav id="nav">
            <div class="logo">
                <a href="#"><img src="img/logo-green.png" alt=""></a>
            </div>
            <ul class="nav">
                <li class="nav-item"><a href="#"> 首页 </a></li>
                <li class="nav-item"><a href="#"> 公司简介 </a></li>
                <li class="nav-item">
                    <a href="#"> 产品中心 </a>
                    <!-- 二级菜单 S-->
                    <div class="subMenu">
                        <ul class="wrap">
                            <li><a href="#"> 产品分类 1</a></li>
```

```
            <li><a href="#"> 产品分类 2</a></li>
            <li><a href="#"> 产品分类 3</a></li>
            <li><a href="#"> 产品分类 4</a></li>
            <li><a href="#"> 产品分类 5</a></li>
            <li><a href="#"> 产品分类 6</a></li>
            <li><a href="#"> 产品分类 7</a></li>
            <li><a href="#"> 产品分类 8</a></li>
        </ul>
    </div>
    <!-- 二级菜单 E-->
</li>
<li class="nav-item">
    <a href="#"> 案例中心 </a>
    <!-- 二级菜单 S-->
    <div class="subMenu">
        <ul class="wrap">
            <li><a href="#"> 案例分类 1</a></li>
            <li><a href="#"> 案例分类 2</a></li>
            <li><a href="#"> 案例分类 3</a></li>
            <li><a href="#"> 案例分类 4</a></li>
            <li><a href="#"> 案例分类 5</a></li>
            <li><a href="#"> 案例分类 6</a></li>
            <li><a href="#"> 案例分类 7</a></li>
            <li><a href="#"> 案例分类 8</a></li>
        </ul>
    </div>
    <!-- 二级菜单 E-->
</li>
<li class="nav-item"><a href="#"> 新闻资讯 </a></li>
<li class="nav-item"><a href="#"> 联系方式 </a></li>
        </ul>
    </nav>
</div>
</header>
```

CSS 代码如下：

```
*{
    margin: 0;
    padding: 0
}

html,
body {
    min-height: 100%
```

```
        }

    body {
        font-family: Helvetica, Pingfang SC, Microsoft YaHei, STHeiti, Verdana, Arial, Tahoma, sans-
serif;
        font-size: 14px;
        color: #333;
        background: #fff;
        position: relative
    }

    h1,
    h2,
    h3,
    h4,
    h5,
    h6 {
        font-weight: normal
    }

    ul,
    ol {
        list-style: none
    }

    img {
        border: none;
        vertical-align: middle
    }

    a {
        color: #666;
        text-decoration: none
    }

    a:visited {
        color: #666;
        text-decoration: none
    }

    a:hover {
        color: #666;
        text-decoration: none
```

```
    }

    a:active {
        color: #666;
        text-decoration: none
    }

    table {
        border-collapse: collapse;
        table-layout: fixed
    }

    input,
    textarea {
        outline: none;
        border: none
    }

    textarea {
        resize: none;
        overflow: auto
    }

    .clearfix {
        zoom: 1
    }

    .clearfix:after {
        content: ".";
        width: 0;
        height: 0;
        visibility: hidden;
        display: block;
        clear: both;
        overflow: hidden
    }

    /* 本案例 CSS*/
    header {
        position: relative;
        z-index: 9999;
        border-bottom: 2px solid #119f0f;
        height: 100px;
```

```
        box-sizing: border-box;
}

.wrap {
        width: 1200px;
        margin: 0 auto;
}

/* 弹性盒子布局 */
#nav {
        display: flex;
        display: flex;
        flex-direction: row;
        justify-content: center;
        align-items: center;
        flex-wrap: wrap;
}

.logo {
        width: 230px;
        overflow: hidden;
}

.logo a {
        display: block;
}

.logo a img {
        max-width: 100%;
}

ul.nav {
        display: inline-flex;
        flex: 1;
        padding-left: 50px;
}

li.nav-item {
        flex: 1;
}

li.nav-item>a {
        display: block;
```

```
        text-align: center;
        line-height: 100px;
        font-size: 16px;
        position: relative;
    }

/* 使用伪类元素的方法，把与二级菜单关联的箭头实现 */
li.nav-item>a::before {
        display: none;
        content: '';
        position: absolute;
        left: 50%;
        bottom: 0;
        transform: translateX(-50%);
        border-width: 0 10px 10px;
        border-style: solid;
        border-color: transparent transparent #119f0f;
        position: absolute;
    }

li.nav-item:hover>a,
li.nav-item.active>a {
        color: #119f0f;
    }

li.nav-item:hover>a::before,
li.nav-item.active>a::before {
        display: block;
    }

/* 二级菜单 */
.subMenu {
        display: none;
        position: absolute;
        top: 100px;
        left: 0;
        width: 100%;
        height: 100px;
        background-color: #119f0f;
    }

.subMenu>ul {
        display: flex;
```

```
        flex-wrap: wrap;
        flex-direction: row;
        justify-content: center;
        align-items: center;
}

.subMenu>ul>li>a {
        display: block;
        padding: 0 18px;
        text-align: center;
        line-height: 50px;
        color: #fff;
}

.subMenu>ul>li>a:hover {
        color: red;
}

li.nav-item:hover .subMenu {
        display: block;
}
```

第10章 网页布局

布局是一个很艺术的技术话题，即使是相同的 HTML 结构，不同的想法可能会设计出不一样的效果。本章将详细讲解如何进行网页布局。

本章要点

◎ 了解盒子模型；

◎ 了解元素转换；

◎ 了解网页布局常用属性 float、position；

◎ 掌握网页布局方式。

10.1 盒 子 模 型

盒子模型

盒子模型，英文名为 Box Model，无论是 div、span 还是 a，都是盒子。盒子模型是 CSS 网页布局的基础，只有掌握了盒子模型的各种规律和特征，才可以更好地控制网页中各个元素所呈现的效果。本节将对盒子模型的组成进行详细讲解，并结合案例进一步巩固本节所学知识。

一、案例导入

通过介绍网页布局，引导读者从整体看问题，整体居于主导地位，统率着部分。整体具有部分根本没有的功能。当各部分以合理结构形成整体时，整体功能就会大于部分之和。当部分以欠佳的结构形成整体时就会损害整体功能的发挥。我们应在日常学习中树立全局观念，办事情要从整体着眼，寻求最优目标，秉承这个方法，我们来看看完成一个整体页面的布局可以使用什么办法来实现。设计网页布局案例效果如图 10-1-1 所示。

本案例是一个简单的网页布局。一个完整的网页布局分为头部区域、导航区域、内容区域、底部区域。经过本案例的学习，可以了解一个完整网页的基本布局，在完成一个网页时应该如何从整体进行设计以及网页布局的方法。

完成本案例需要进行如下操作：

(1) 设计一个整体的盒了，包含所有内容，宽度为 1100 px。

(2) 设计网页的整体布局，定义头部区域盒子、导航区域盒子、内容区域盒子、底部区域盒子。

(3) 设计头部区域盒子样式。头部盒子宽度为 1100 px，高度为 80 px，背景颜色为蓝色。通过 text-align 设置文本水平居中，通过 line-height 设置文本垂直居中。

(4) 设计菜单导航区域盒子样式。导航盒子宽度为 1100 px，高度为 50 px, 背景颜色为蓝色。通过 text-align 设置文本水平居中，通过 line-height 设置文本垂直居中。设置盒子的上下间距为 10 px, 用于增加与其他盒子的间隙。

(5) 设计内容区域盒子样式。内容区域分为左、中、右三部分。左边盒子宽度为 200 px，高度为 300 px，背景颜色为蓝色，盒子左侧浮动；中间盒子宽度为 680 px，高度为 300 px，背景颜色为蓝色，盒子左侧浮动；右边盒子宽度为 200 px，高度为 300 px，背景颜色为蓝色，设置左侧 (或右侧) 浮动。三个盒子的 text-align 均设置为居中，line-height 统一设置为 300 px，使文本垂直居中。

(6) 设计底部区域盒子样式。底部盒子宽度为 1100 px，高度为 80 px, 背景颜色为蓝色。通过 text-align 设置文本水平居中，通过 line-height 设置文本垂直居中。

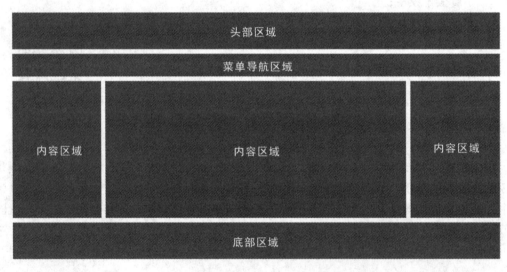

图 10-1-1

二、知识点导入

1. 基本语法

(1) 行内元素转换为块级元素，语法如下：

```
display:block
```

(2) 块级元素转换为行内元素，语法如下：

```
display:inline
```

(3) 元素转换为行内块元素，语法如下：

```
display:inline-block
```

2. 基础案例操作

1) 元素的常用属性

根据 CSS 规范的规定，每一个网页元素都有一个 display 属性，用于确定该元素的类型，每一个元素都有默认的 display 属性值，为了使页面结构的组织更加轻松、合理，HTML 标签被定义成了不同的类型，一般分为块标签和行内标签，也称块级元素和行内元素。

(1) 行内元素。

行内元素也称内联元素或内嵌元素，其特点是，不必在新的一行开始，同时，也不强迫其他的元素在新的一行显示。一个行内元素通常会和它前后的其他行内元素显示在同一行中，它们不占有独立的区域，仅仅靠自身的字体大小和图像尺寸来支撑结构，一般不可以设置宽度、高度、对齐等属性，常用于控制页面中文本的样式。

(2) 块级元素。

块级元素会独占一行，其宽度自动填满其父元素宽度。一般情况下，块级元素可以设置 width、height 属性，也可以设置 margin 和 padding 属性。

(3) 元素类型的相互转换。

网页中的元素都是由盒子组成的。比如，想让块级元素具有行内元素的特征，不会独占一行，或者希望某些行内元素具有块级元素的特征，可以设置该元素的宽高，就需要使用 display 属性，实现元素的转换，此元素将显示为行内块元素，可以对其设置宽高和对齐等属性，但是该元素不会独占一行。

【例 10-1】 设计一个横排布局的导航，效果如图 10-1-2 所示。

图 10-1-2

布局代码如下：

```
<div class="contain">
    <ul class="nav">
        <li><a href="#"><span> 首页 </span></a></li>
        <li><a href="#"><span> 微博圈 </span></a></li>
        <li><a href="#"><span> 移动开发 </span></a></li>
        <li><a href="#"><span> 编程与设计 </span></a></li>
        <li><a href="#"><span> 程序员与语言 </span></a></li>
        <li><a href="#"><span> 编程语言排行榜 </span></a></li>
    </ul>
</div>
```

CSS 代码如下：

```
.contain {
    width: 800px;
    height: 30px;
    background: url(img/bg1.gif);
    margin: 0 auto;
```

```css
}

* {
    margin: 0;
    padding: 0;
}

.nav li {
    float: left;
    list-style: none;
}

.nav a {
    color: #fff;
    text-decoration: none;
    margin: 0 2px;
    display: inline-block;
    line-height: 30px;
    background: url(img/22.gif) no-repeat left top;
    padding-left: 15px;
}

/* 将 <a> 标签的行内元素转换为行内块元素 */
.nav span {
    display: inline-block;
    line-height: 30px;
    padding-right: 15px;
    background: url(img/22.gif) no-repeat right top;
}

/* 将 <span> 标签的行内元素转换为行内块元素 */
.nav a:hover {
    background: url(img/22.gif) no-repeat left bottom;
}

/* 用背景图定位方法控制背景图现实位置 */
.nav span:hover {
    background: url(img/22.gif) no-repeat right bottom;
}

.nav {
    padding-left: 30px;
}
```

2) 认识盒子模型

盒子模型是CSS网页布局的基础，因此我们首先要认识盒子模型。如图10-1-3所示为网页中元素的盒子模型指示图。

外边距（margin）
边框（border）
内边距（padding）
盒子中包含的内容
高度
宽度

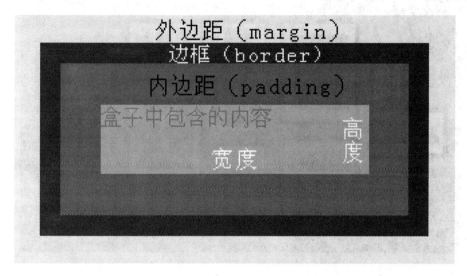

图10-1-3

如图10-1-4所示为盒子模型的组成部分。要想随心所欲地控制页面中每个盒子的样式，还需要掌握盒子模型的相关属性。图10-1-5用日常生活中常见的相框模拟了盒子模型的各个属性。下面对盒子模型的相关属性进行详细讲解。

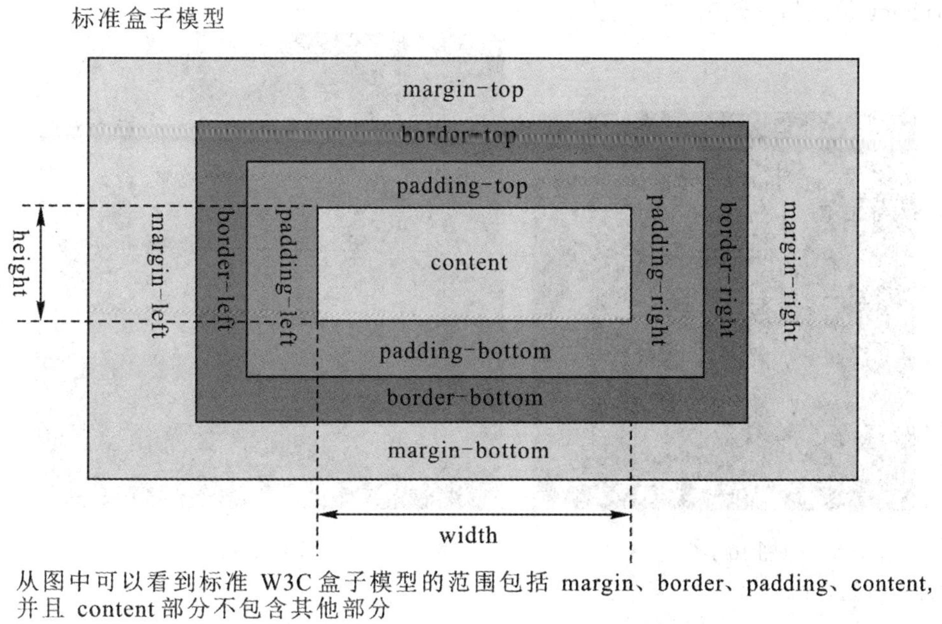

标准盒子模型
margin-top
border-top
padding-top
height
margin-left
border-left
padding-left
content
padding-right
border-right
margin-right
padding-bottom
border-bottom
margin-bottom
width
从图中可以看到标准 W3C 盒子模型的范围包括 margin、border、padding、content，并且 content 部分不包含其他部分

图10-1-4

图 10-1-5

(1) 认识 padding。

padding 就是内边距。padding 的内容区有背景颜色，内边距区域的颜色会和内容区域的颜色一样。也就是说，background-color 将填充所有 border 以内的区域。

【例 10-2】 padding 效果初体验，图 10-1-6 为未设置 padding 值的效果，图 10-1-7 为设置 padding 值之后的效果。

图 10-1-6

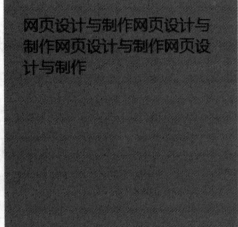

图 10-1-7

布局代码如下：

```
<div> 网页设计与制作网页设计与制作网页设计与制作网页设计与制作 </div>
```

CSS 代码如下：

```
div{width: 200px;height: 200px;background: rgb(79,115,235);padding:20px;}
```

在 CSS 中，padding 属性用于设置内边距。同边框属性 border 一样，padding 也是复合属性，其相关设置语法如下：

padding-top: 上边距；

padding-right: 右边距；

padding-bottom: 下边距；

padding-left: 左边距；

padding: 上边距 右边距 下边距 左边距；

padding 是四个方向的，所以我们能够分别描述四个方向的 padding，方法有两种，第一种是写小属性；第二种是写综合属性，用空格隔开。小属性的写法如下：

padding-top: 30px;

padding-right: 20px;

padding-bottom: 40px;

padding-left: 100px;

综合属性的写法 (上、右、下、左，顺时针方向，用空格隔开。margin 的道理也是一样的)：

padding:30px 20px 40px 100px;

如果写了四个值，则顺序为上、右、下、左。如果只写了三个值，则顺序为上、右、下，左和右一样。如果只写了两个值，比如：

padding: 30px 40px;

则顺序等价于：

30px 40px 30px 40px

(2) 认识 margin。

网页是由多个盒子排列而成的，要想拉开盒子与盒子之间的距离，合理地布局网页，就需要为盒子设置外边距。所谓外边距指的是元素边框与相邻元素之间的距离。

【例 10-3】 margin 效果初体验，图 10-1-8 为设置 margin 值之前的效果，图 10-1-9 为设置 margin 值之后的效果。

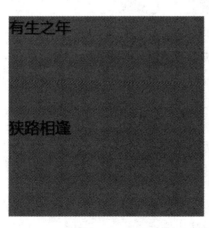

图 10-1-8   图 10-1-9

布局代码如下：

<div class="box1"> 有生之年 </div>

```
<div class="box2"> 狭路相逢 </div>
```

CSS 代码如下：

```
.box1,.box2{width:200px;height:100px;background:rgb(79,115,235);}
.box1{margin-bottom:20px;}
```

在 CSS 中，margin 属性用于设置外边距。它是一个复合属性，与内边距 padding 的用法类似，设置外边距的语法如下：

margin-top: 上边距 ;

margin-right: 右边距 ;

margin-bottom: 下边距 ;

margin-left: 左边距 ;

margin: 上边距 右边距 下边距 左边距 ;

margin 相关属性的值，以及复合属性 margin 取 1 ～ 4 个值的情况与 padding 相同。

(3) 计算盒子宽度。

网页是由多个盒子排列而成的，每个盒子都有固定的大小，在 CSS 中使用宽度属性 width 和高度属性 height 可以对盒子的大小进行控制。CSS 规范的盒子模型的总宽度和总高度的计算原则是：

盒子的总宽度 = width + 左右内边距之和 + 左右边框宽度之和 + 左右外边距之和

盒子的总高度 = height + 上下内边距之和 + 上下边框宽度之和 + 上下外边距之和

(4) 清除元素自带边距。

一些元素默认带有 padding，比如 ul 标签，如图 10-1-10 所示。

图 10-1-10

如图 10-1-10 所示，不加任何样式的 ul 也是有 40 px 的 padding-left。所以，我们在进行实际网站设计的时候，为了便于控制，总是喜欢清除这个默认的 padding。可以使用 * 进行清除，语法如下：

```
*{margin: 0;padding: 0;}
```

三、案例实现

布局代码如下：

```
<div class="contain">
        <div class="top"> 头部区域 </div>
        <div class="nav"> 菜单导航区域 </div>
        <div class="content">
            <div class="left"> 内容区域 </div>
            <div class="center"> 内容区域 </div>
```

```
        <div class="right"> 内容区域 </div>
    </div>
    <div class="foot"> 底部区域 </div>
</div>
```

CSS 代码如下:

```css
.contain {
    width: 1100px;
    margin: 0 auto;
}

/* 设置大盒子总体布局 */
.top {
    width: 1100px;
    height: 80px;
    background: rgb(79, 115, 235);
    text-align: center;
    line-height: 80px;
}

/* 设置头部盒子样式 */
.nav {
    width: 1100px;
    height: 50px;
    background: rgb(79, 115, 235);
    text-align: center;
    line-height: 50px;
    margin: 10px 0;
}

/* 设置导航盒子样式 */
.content {
    width: 1100px;
    height: 300px;
}

/* 设置内容盒子样式 */
.foot {
    width: 1100px;
    height: 80px;
    background: rgb(79, 115, 235);
    text-align: center;
    line-height: 80px;
    margin-top: 10px;
```

```
    }

    /* 设置内容盒子样式 */
    .content.left {
        width: 200px;
        height: 300px;
        background: rgb(79, 115, 235);
        float: left;
        text-align: center;
        line-height: 300px;
    }

    /* 设置左部内容区域样式 */
    .conten.center {
        width: 680px;
        height: 300px;
        background: rgb(79, 115, 235);
        float: left;
        margin-left: 10px;
        text-align: center;
        line-height: 300px;
    }

    /* 设置中部内容区域样式 */
    .content.right {
        width: 200px;
        height: 300px;
        background: rgb(79, 115, 235);
        float: right;
        text-align: center;
        line-height: 300px;
    }

    /* 设置右部内容区域样式 */
```

10.2　网页布局的基本方法

　　一般情况下，CSS 页面布局包括两种基本方法：float 和 position。其中 float 用来设计浮动布局，而 position 用来设计定位布局。同时由这两个布局属性还衍生出来很多辅助属性，如 clear(清除定位)、z-index(层叠顺序)、left(定位左侧距离)、top(定位顶部距离)、bottom(定位底部距离) 和 right(定位右侧距离) 等，它们在页面布局中都是不可或缺的。

网页布局的
基本方法

通过制作新闻网页，可以让我们了解时政，增强政治敏感度，增强对行业最新发展动态的了解，增加专业认同感。参考图 10-2-1，设计新闻导航菜单。

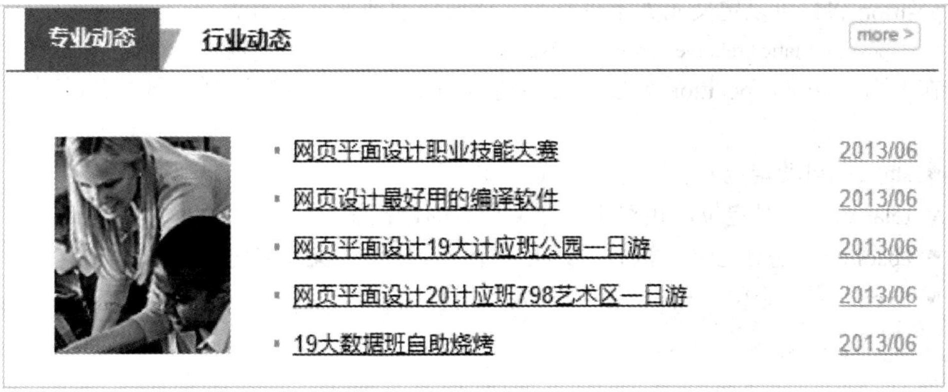

图 10-2-1

本案例是一个导航菜单案例，是一个新闻内容展示页面，一般用此页面进行内容布局。经过本案例的学习，可以掌握网页布局的基本方法，以及如何给元素添加浮动效果，还可以加深对元素内边距和外边距的理解。

完成本案例需要进行如下操作：

(1) 定义头部盒子和内容盒子，在内容部分分为右边图片和左边内容区域。

(2) 头部定义两个盒子，一个左浮动定义文字内容；另外一个右浮动，加入图片，显示更多按钮。

(3) 内容区域分为左右布局，左边直接插入图片，右边由两个无序列表组成。

(4) 定义两个无序列表，一个定义新闻列表，一个定义时间列表。

二、知识点导入

1. 基本语法

1) CSS 的 float 属性

float 属性可以定义元素浮动显示。该属性的基本语法如下：

    float:none | left | right

默认值为 none，取值说明如下：

● none：设置对象不浮动。

● left：设置对象浮在左边。

● right：设置对象浮在右边。

2) CSS 的 clear 属性

CSS 的 clear 属性定义了不允许有浮动对象的边。该属性的基本语法如下：

    clear:none | left | right | both

在上面语法中，clear 属性的常用值有三个，分别表示不同的含义，具体说明如下：

● left：不允许左侧有浮动元素 (清除左侧浮动的影响)。

- right：不允许右侧有浮动元素 (清除右侧浮动的影响)。
- both：同时清除左右两侧浮动的影响。

3) CSS 的 position 属性

position 属性可以定义元素定位显示。该属性的基本语法如下：

> position:static | relative | absolute | fixed

在上面语法中，position 属性的常用值有四个，分别表示不同的定位模式，具体说明如下：

- static：自动定位 (默认定位方式)。
- relative：相对定位，相对于其原文档流的位置进行定位。
- absolute：绝对定位，相对于其上一个已经定位的父元素进行定位。
- fixed：固定定位，相对于浏览器窗口进行定位。

2. 基础案例操作

1) 认识 float

初学者在设计一个页面时，通常会按照默认的排版方式，将页面中的元素从上到下一一罗列，如图 10-2-2 所示。

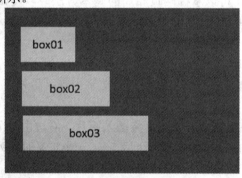

图 10-2-2

通过这样的布局制作出来的页面看起来呆板、不美观，而一般大家在浏览网页时，会发现页面中的元素通常会按照左、中、右的结构进行排版，如图 10-2-3 所示。

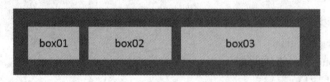

图 10-2-3

通过这样的排版，会使页面更加美观整洁，这是通过 float 属性实现的。

当 float 属性不等于 none 引起对象浮动时，对象将被视作块对象，相当于声明了 display 属性等于 block。也就是说，浮动对象的 display 特性将被忽略。该属性可以被应用在非绝对定位的任何元素上。

【例 10-4】 设计 3 个盒子，统一它们的大小为 200 px × 100 px，背景颜色为蓝色。在默认状态下，这 3 个盒子以流动方式堆叠显示，根据 HTML 结构的排列顺序自上而下进行排列。如果定义 3 个盒子都向左浮动，则 3 个盒子并列显示在一行，如图 10-2-4 所示。

图 10-2-4

布局代码如下：

```
<div class="box1">box1</div>
<div class="box2">box2</div>
<div class="box3">box3</div>
```

CSS 代码如下：

```
.box1,.box2,.box3 {
    width: 200px;
    height: 100px;
    margin: 10px;
    float: left;
    background: rgb(79, 115, 235);
}
```

2) 使用 clear

float 元素能够并列在一行显示，除了可以通过调整包含框的宽度来强迫浮动元素换行显示外，还可以使用 clear 属性，该属性能够强迫浮动元素换行显示。

【例 10-5】 沿用例 10-4，设计如图 10-2-5 所示的效果。

图 10-2-5

布局代码如下：

```
<div class="box1">box1</div>
<div class="box2">box2</div>
<div class="box3">box3</div>
```

CSS 代码如下：

```
.box1,.box2,.box3 {
    width: 200px;
    height: 100px;
    margin: 10px;
```

```
        float: left;
        background: rgb(79, 115, 235);
    }

    .box2 {
        clear: left;
    }
```

3) 定义 position

position 与 float 都是 CSS 的核心布局工具，float 的优点是灵活，position 的优点是精确。在网页布局中，它们各有千秋，配合使用，可以提升网页设计的适应能力。

可以通过边偏移属性 top、bottom、left、right 来精确定义定位元素的位置，其取值为不同单位的数值或百分比，具体解释如下：

- top：顶端偏移量，定义元素相对于其父元素上边线的距离。
- bottom：底部偏移量，定义元素相对于其父元素下边线的距离。
- left：左侧偏移量，定义元素相对于其父元素左边线的距离。
- right：右侧偏移量，定义元素相对于其父元素右边线的距离静态定位。

当 position 取值为 static 时，可以使元素处于静态位置。静态定位是元素的默认定位方式。所谓静态位置就是各个元素在 HTML 文档流中默认的位置。

(1) 自动定位。

当未设置 position 属性的取值或设置 position 属性的取值为 static 时，表示元素当前为自动定位，也就是没有定位，元素出现在正常的流中 (忽略偏移属性如 top、bottom、left、right 或者 z-index 等的声明效果)，也就是在这种情况下，无法使用偏移属性改变元素的位置。

(2) 相对定位。

当 position 属性的取值为 relative 时，可以将元素定位于相对位置。相对定位是将元素相对于其在标准文档流中的位置进行定位，对元素设置相对定位后，可以通过边偏移属性改变元素的位置，但是它在文档流中的位置仍然保留。

【例 10-6】 relative 效果初体验。在页面中写三个盒子，宽度为 100 px，高度为 100 px，对第二个元素设置相对定位，并设置左部和上部的偏移量，效果如图 10-2-6 所示。

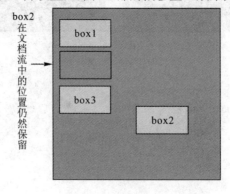

图 10-2-6

布局代码如下：

```
<div class="box1">box1</div>
<div class="box2">box2</div>
<div class="box3">box3</div>
```

CSS 代码如下：

```
body {
    background: rgb(79, 115, 235);
}

.box1,.box2,.box3 {
    width: 200px;
    height: 100px;
    margin: 10px;
    position: relative;
    background: rgb(255, 254, 29);
}

.box2 {
    left: 200px;
    top: 270px;
}
```

图 10-2-6 中对 box2 设置相对定位后，它会相对于其自身的默认位置进行偏移，但是它在文档流中的位置仍然保留。

(3) 绝对定位。

当 position 属性的取值为 absolute 时，可以将元素的定位模式设置为绝对定位。绝对定位是将元素依据最近的已经定位（绝对、固定或相对定位）的父元素进行定位，若所有父元素都没有定位，则依据 body 根元素（浏览器窗口）进行定位。

【例 10-7】 absolute 效果初体验。在页面中写三个盒子，宽度为 100 px，高度为 100 px，对第二个元素设置绝对定位，并设置左部和上部的偏移量，效果如图 10-2-7 所示。

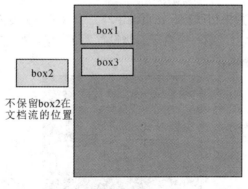

图 10-2-7

布局代码如下：

```
<div class="box1">box1</div>
<div class="box2">box2</div>
```

```
<div class="box3">box3</div>
```

CSS 代码如下：

```
body {
    background: rgb(79, 115, 235);
}

.box1,.box2,.box3 {
    width: 200px;
    height: 100px;
    margin: 10px;
    position: absolute;
    background: rgb(255, 254, 29);
}

.box2 {
    left: -100px;
    top: 170px;
}
```

图 10-2-7 中设置为绝对定位的元素 box2，依据浏览器窗口进行定位。并且，此时 box3 占据了 box2 的位置，即 box2 脱离了标准文档流的控制，不再占据标准文档流中的空间。

(4) 固定定位。

当 position 属性的取值为 fixed 时，即可将元素的定位模式设置为固定定位。固定定位是绝对定位的一种特殊形式，它以浏览器窗口作为参照物来定义网页元素。

当对元素设置固定定位后，它将脱离标准文档流的控制。不管浏览器滚动条如何滚动，也不管浏览器窗口的大小如何变化，该元素都会始终显示在浏览器窗口的固定位置。

4) 设置层叠顺序

层叠顺序是通过 z-index 属性设置的。当对多个元素同时设置定位时，定位元素之间有可能会发生重叠。

【例 10-8】 z-index 效果初体验。在页面中写三个盒子，宽度为 100 px，高度为 100 px，将第一个盒子层级设置为 1，第三个盒子层级设置为 2，并分别为它们设置顶部和左部的偏移量，效果如图 10-2-8 所示。

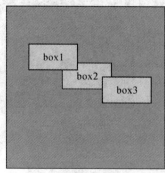

图 10-2-8

布局代码如下：

```
<div class="box1">box1</div>
<div class="box2">box2</div>
<div class="box3">box3</div>
```

CSS 代码如下：

```
body {
    background: rgb(79, 115, 235);
}


.box1,.box2,.box3 {
    width: 200px;
    height: 100px;
    margin: 10px;
    position: absolute;
    background: rgb(255, 254, 29);
    border: 1px solid #000;
}


.box1 {
    z-index: 1;              /* 设置此盒子的层级为 1，默认为 0，对象层级越高，则显示位置越
                               靠前，即 box1 会显示在 box2 的前面 */
    left: 205px;
    top: -10px;
}


.box3 {
    z-index: 2;              /* 设置此盒子的层级为 2，即 box3 会显示在 box1 和 box2 的前面 */
    left: 155px;
    top: 100px;
}
```

在 CSS 中，要想调整重叠定位元素的堆叠顺序，可以对定位元素应用 z-index 层叠等级属性，其取值可为正整数、负整数和 0。z-index 的默认属性值是 0，取值越大，定位元素在层叠元素中越居上。

三、案例实现

布局代码如下：

```
<div class="center">
<div class="message">
        <div class="message_title">
/* 两个盒子分别左右浮动，进行头部布局 */
                <div class="m_title_left"><a href="#" class="current"><span> 专业动态 </span>
</a><a href="#"><span> 行业动态 </span></a></div>
                <div class="more"><a href="#"><img src="img/more.gif" align="middle" />
```

```
</a></div>
        </div>
        <div class="message_con">
            <div class="message_left">
                <img src="img/pic1.gif">
            </div>
/* 两个无序列表进行新闻内容布局 */
            <div class="message_right">
                <ul class="left_ul">
                    <li><span></span><a href="#"> 网页平面设计职业技能大赛 </a></li>
                    <li><span></span><a href="#"> 网页设计最好用的编译软件 </a></li>
                    <li><span></span><a href="#"> 网页平面设计 19 大计应班公园一日
游 </a></li>
                    <li><span></span><a href="#"> 网页平面设计 20 计应班 798 艺术区
一日游 </a></li>
                    <li><span></span><a href="#">19 大数据班自助烧烤 </a></li>
                </ul>
                <ul class="right_ul">
                    <li><a href="#">2013/06</a></li>
                    <li><a href="#">2013/06</a></li>
                    <li><a href="#">2013/06</a></li>
                    <li><a href="#">2013/06</a></li>
                    <li><a href="#">2013/06</a></li>
                </ul>
            </div>
        </div>
    </div>
</div>
```

CSS 代码如下：

```
body {
    font-size: 12px;
    font-family: Arial, Helvetica, sans-serif, " 宋体 ";
}

*{
    margin: 0;
    padding: 0;
    border: 0;
    list-style: none;
}

/* 清除所有标签自带样式 */
/*center*/
```

```
.center {
    width: 510px;
    height: 200px;
    border: 1px solid #d6d6d6;
    margin: 0 auto;
}

.line1 .center {
    margin: 0px 0px 0px 12px;
    padding: 0px;
    float: left;
    text-align: left;
    width: 510px;
    overflow: hidden;
}

.line1 .center .message {
    margin: 0px;
    padding: 0px;
}

.message_title {
    margin: 0px;
    padding: 0px 0px 0px 10px;
    width: 498px;
    height: 33px;
    border-bottom: 1px solid #fd4a13;
    line-height: 33px;
    vertical-align: middle;
    overflow: hidden;
}

.m_title_left {
    float: left;
}

.message_title a {
    color: #393939;
    font-weight: bold;
    height: 34px;
    line-height: 34px;
    vertical-align: middle;
}
```

```
.message_title a.current {
    background: url(img/left_message.png) no-repeat left top;
    height: 34px;
    display: block;
    float: left;
    margin: -1px 11px 0px 0px;
    padding: 0px 0px 0px 13px;
    color: #FFF;
    position: relative;
}

.message_title a.current span {
    background: url(img/right_message.png) no-repeat right top;
    height: 34px;
    float: left;
    display: block;
    padding: 0px 25px 0px 0px;
}

.message_title .more a {
    width: 40px;
    height: 15px;
    display: block;
    float: right;
    margin: -6px 10px 0px 0px;
    display: inline;
    padding: 0px;
}

.message_con {
    margin: 0px;
    padding: 30px 0px 12px 17px;
    overflow: hidden;
}

.message_left {
    background: url(images/pic1_bg.gif) no-repeat left top;
    width: 115px;
    height: 125px;
    text-align: center;
    padding: 4px 0px;
    float: left;
```

```
}

.message_right {
    float: lcft;
    margin: 0px 0px 0px 14px;
    padding: 0px 13px 0px 0px;
    width: 350px;
}

.message_right ul {
    margin: 0px;
    padding: 0px;
    list-stylc: nonc;
}

.message_right ul.left_ul {
    float: left;
    margin: 0px;
    padding: 0px;
}

.message_right ul.left_ul li,
.message_right ul.right_ul li {
    line-height: 26px;
}

.message_right ul.left_ul li span {
    background: url(img/icon_bg.gif) no-repeat 0 -120px;
    width: 3px;
    height: 3px;
    float: left;
    display: inline;
    margin: 10px 7px 0 0;
}

.message_right ul.right_ul li a {
    color: #aaaaaa;
}

.message_right ul.right_ul {
    margin: 0px;
    padding: 0px;
    list-style: none;
    float: right;}
```

10.3　案例实战——新闻页面的布局实现

　　网站的新闻内容板块是构成网站的重要组成部分，主要涉及多种元素混排，知识点涉及面非常广。通过本案例的学习，能够学会从整体设计一个完整的网页。

新闻页面的布局实现

一、设计要求

　　本案例是一个内容详情页面，如图 10-3-1 所示，主要可以分为头部和内容部分。在内容部分又可以分为左部内容和右部内容。右部内容部分又在里面分了三小块内容。本案例对读者网页综合布局的能力要求较高，通过此案例，可以进一步掌握网页布局方法，设计出自己喜欢的网页。

图 10-3-1

二、设计分析

(1) 定义整体布局，分为头部区域、内容区域。

(2) 内容区域分为左边新闻内容区和右边新闻导航区。

(3) 左边内容区域是一个简单的图文混排效果，难度较低。

(4) 右边新闻导航区涉及多张图片排版，要注意内边距和外边距的灵活使用，以及元素定位方法，实现页面效果。

三、设计实现

布局代码如下：

```
<div class="contain">
    <div class="head">
        <img src="img/head.jpg" />
        <img src="img/xinlang.png" />
        <div class="word"><span><em><b> 新闻中心 </b></em></span><span> 国内新闻
</span></div>
        <p>4 月诸多新证落地 </p>
        <img src="img/weibo.jpg">
    </div>
    <hr />
    <div class="content">
        <div class="left">
            <h5> 将于 4 月 1 日起施行，该规定明确了多项便民服务举措 </h5>
            <img src="img/photo1.jpg" />
            <p> 中新网北京 4 月 1 日电 ( 张尼 )4 月 1 日起，中央及地方层面的一批新规将
正式施行：所有车型驾驶证异地申请、异地考试全面放开，居住证持有人可在居住地申办因私
出入境证件，央行实施新银行账户体系，东部 11 省市机动车实施国五标准……诸多新政策落
地，将带给民众不少实惠。
            </p>
            <h4>16 城市试点驾照自学直考 </h4>
            <p> 新修改的《机动车驾驶证申领和使用规定》将于 4 月 1 日起施行，该规定明
确了多项便民服务举措，具体包括：</p>
            <p>——提供互联网、电话、窗口等多种报考约考渠道，改变驾校集中包办约
考，取消考试名额分配制，保障学员知情权、选择权。强力推进自主约考，将使每年有 3000
多万新驾驶人受益。</p>
            <p>——在原来放开小型汽车、摩托车驾驶证异地申请领证的基础上，全面放开所
有车型驾驶证异地申请、异地考试，申请人持身份证和居住证即可在居住地申领驾驶证。</p>
            <p>——进一步放宽上肢残疾人、单眼视障人员驾车条件。</p>
            <p>——适应老年人身体条件改善的状况，参考其他国家做法，将每年体检年龄由
60 周岁调整为 70 周岁。该项措施施行后，将惠及 700 多万 60 至 70 周岁的老龄驾驶人。</p>
            <p> 另外，《关于机动车驾驶证自学直考试点的公告》同日起施行，其中明确，
天津、包头、长春、南京、宁波、马鞍山、福州、吉安、青岛、安阳、武汉、南宁、成都、黔
东南、大理、宝鸡等 16 个市 ( 州 ) 将试点小型汽车、小型自动挡汽车驾驶证自学直考。
```

```
        </p>
    </div>
    <div class="right">
        <h5> 专栏推荐 </h5>
        <img src="img/right1.jpg" />
        <div class="word2">
            <span><b> 中国经济已走出最艰难时刻 </b></span>
            <p> 国务院总理李克强在博鳌会议上发表观点。</p>
        </div>
        <div class="watch"><img src="img/right2.jpg" /></div>
        <hr>
        <h5> 我爱看图 </h5>
        <div class="pic">
            <div class="pic1">
                <img src="img/right3.jpg" />
                <p> 说明 1</p>
            </div>
            <div class="pic2">
                <img src="img/right4.jpg" />
                <p> 说明 1</p>
            </div>
            <div class="pic3">
                <img src="img/right5.jpg" />
                <p> 说明 1</p>
            </div>
            <div class="pic4">
                <img src="img/right5.jpg" />
                <p> 说明 1</p>
            </div>
        </div>
        <img src="img/shoe.jpg" />
    </div>
</div>
```

CSS 代码如下：

```css
* {
    margin: 0;
    padding: 0;
}

.contain {
    margin: 0 auto;
    width: 1000px;
}
```

```css
.head {
    width: 1000px;
    margin: 0 auto;
    position: relative;
}

.word {
    display: inline-block;
    height: 40px;
    line-height: 40px;
    position: absolute;
    top: 90px;
}

.word span {
    padding: 0 10px;
}

.head p {
    font-size: 20px;
    margin: 5px 0;
}

hr {
    width: 1000px;
    margin: 10px auto;
    height: 2px;
    background-color: #808080;
}

.left {
    width: 590px;
    float: left;
    margin-right: 30px;
}

.right {
    width: 316px;
    float: left;
    margin: 0 30px;
}
```

```
.content .left h5 {
    text-indent: 3em;
    margin-top: 15px;
}

.content .left img {
    margin: 50px auto;
    margin-left: 2em;
}

.content .left p {
    font-family: 宋体 ;
    font-size: 14px;
    line-height: 30px;
    text-indent: 2em;
}

.content .left h4 {
    margin: 5px 0;
}

.content .right {
    position: relative;
    font-family: 宋体 ;
}

.content .right .word2 {
    display: inline-block;
    width: 170px;
    position: absolute;
}

/* 使用绝对定位的方法确定元素位置 */
.content .right span,
.right p {
    font-size: 14px;
}

.right p {
    padding-top: 10px;
}

.watch {
```

```
        width: 300px;
        height: 505px;
        float: right;
}

.watch img {
        width: 100%;
}

.right hr {
        width: 316px;
}

.right .pic1,
.pic2,
.pic3,
.pic4 {
        float: left;
        width: 143px;
        height: 132px;
}

.right .pic img {
        width: 143px;
}

.pic2,
.pic4 {
        float: right;}
```

第11章　CSS中的动画与特效

CSS3 中新增了一些用来实现动画效果的属性，通过这些属性可以实现以前通常需要使用 JavaScript 或者 Flash 才能实现的效果。例如，对 HTML5 中的对象进行平移、缩放、旋转、倾斜，以及添加过渡效果等，并且可以将这些变化组合成动画效果进行展示。本章将对 CSS3 新增的这些属性进行详细介绍。

 本章要点

◎ 掌握 CSS 中变形、过渡、动画三种特效的定义方式；
◎ 灵活运用三种特效设置页面中的动画效果；
◎ 运用纯 CSS 方式实现网页轮播图效果。

11.1　CSS中的动画与特效——transform

transform 意为改变、变形。CSS3 中 transform 主要包括旋转 (rotate)、平移 (translate)、缩放 (scale)、切变 (skew) 和元素基点 (transform-origin)。下面介绍使用 transform 可以实现的设计。

CSS 中的动画与
特效——transform

 一、案例导入

义乌是全球最大的小商品集散中心，被联合国、世界银行等国际权威机构确定为世界第一大市场。义乌小商品物美价廉，包装华丽。其中，风车的旋转设计页面以及卡通画面的包装礼盒都是常见的设计元素，一起来看看本节的案例设计内容。

1. 义乌商品市场实例选用——风车旋转

本案例是一个由 transform 属性实现的旋转动画效果，风车的叶片为独立的图片，当鼠标移动到风车叶片上时，风车的叶片进行顺时针旋转，而当鼠标移开时则旋转效果停止。将 transform 属性与目标伪类 hover 结合完成本案例的设计，效果如图 11-1-1 所示。

图 11-1-1

具体设计如下：

(1) 设计一个容器盒子 div，设置背景。

(2) 在盒子中用绝对定位放置叶片和风车柄两张图片。

(3) 盒子右侧使用 p 标签放置两段英文文字。

(4) 定义叶片 transform 的 rotate 属性与目标伪类 hover 代码设计动画效果。

2. 义乌商品市场实例选用——礼品盒子

本案例将三张独立的图片，通过 transform 属性的 rotate、skew、scale 等子属性的调用，形成三个旋转的立方体面，再通过定位方式将其结合成一个立体的礼品盒子样式，效果如图 11-1-2 所示。

图 11-1-2

具体设计如下：

(1) 设计一个大容器盒子 div，其内放置三个小容器盒子。

(2) 在三个小容器盒子中分别放置三张素材图片作为立体盒子的三个立体面。

(3) 定义三个立体面的 skew 和 rotate。

(4) 使用绝对定位方式将三个面拼成一个立体盒子。

二、知识点导入

1. 基本语法

Transform 属性初始值是 none，适用于块级元素和行内元素，其基本语法如下：

transform: none | <transform-function> [<transform-function>]*

transform: rotate | scale | skew | translate |matrix;

其中：

- none：默认值，不进行变形。

- <transform-function>：一个或多个变换函数，以空格分开。即可同时对一个元素进行 transform 的多种属性操作，例如同时用 rotate、scale 和 translate 三种。

transform-function 的可取值如表 11-1-1 所示。

表 11-1-1　transform-function 的取值

值	描　　述
none	定义不进行转换
matrix(n,n,n,n,n,n)	定义 2D 转换，使用 6 个值的矩阵
matrix3d(n,n,n,n,n,n,n,n,n,n,n,n,n,n,n,n)	定义 3D 转换，使用 16 个值的 4×4 矩阵
translate(x,y)	定义 2D 转换
translate3d(x,y,z)	定义 3D 转换
translateX(x)	定义转换，只是用 X 轴的值
translateY(y)	定义转换，只是用 Y 轴的值
translateZ(z)	定义 3D 转换，只是用 Z 轴的值
scale(x[,y]?)	定义 2D 缩放转换
scale3d(x,y,z)	定义 3D 缩放转换
scaleX(x)	通过设置 X 轴的值来定义缩放转换
scaleY(y)	通过设置 Y 轴的值来定义缩放转换
scaleZ(z)	通过设置 Z 轴的值来定义 3D 缩放转换
rotate(angle)	定义 2D 旋转，在参数中规定角度
rotate3d(x,y,z,angle)	定义 3D 旋转
rotateX(angle)	定义沿着 X 轴的 3D 旋转
rotateY(angle)	定义沿着 Y 轴的 3D 旋转
rotateZ(angle)	定义沿着 Z 轴的 3D 旋转
skew(x-angle,y-angle)	定义沿着 X 和 Y 轴的 2D 倾斜转换
skewX(angle)	定义沿着 X 轴的 2D 倾斜转换
skewY(angle)	定义沿着 Y 轴的 2D 倾斜转换
perspective(n)	为 3D 转换元素定义透视视图

2. 基础案例操作

如图 11-1-3 所示，此处重叠两个盒子，大小一致，外层放置灰色盒子，内层放置红色盒子，通过对红色盒子定义 hover 操作，完成 transform 属性的各种变形。

图 11-1-3

布局代码如下：

```
<div class="box">
                    <div class="square ">
                    </div>
          </div>
```

CSS 代码如下：

```
/* 灰色背景 */
.box {
     width: 200px;
     height: 200px;
     background-color: #ddd;
     margin: 40px auto;
}
/* 红色方块 */
.square {
     width: 200px;
     height: 200px;
     background-color: #FF0000;
     transition: 0.3s;                    /* 设置变形的效果持续的时长 */
     position: relative;
     opacity: 0.5;
}
```

1）旋转 (rotate)

rotate() 函数能够旋转指定的对象，通过给定的参数值指定对象旋转的角度。如图

11-1-4 所示，将红色 (深色) 盒子旋转 45°，此时操作的元素对象既可以是内联元素也可以是块状元素。

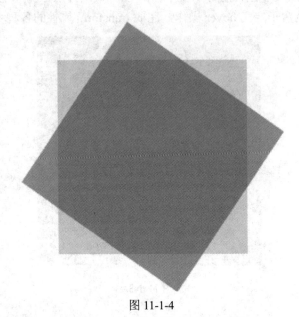

图 11-1-4

rotate() 函数的用法如下：

    transform: rotate(xdeg,ydeg)

rotate() 函数的单位为 deg(度)，正数表示顺时针旋转，负数表示逆时针旋转。

布局代码如下：

```
<div class="box">
            <div class="square rotate">
            </div>
        </div>
```

CSS 代码如下：

```
/* 灰色背景 */
.box {
    width: 200px;
    height: 200px;
    background-color: #ddd;
    margin: 40px auto;
}
/* 红色方块 */
.square {
    width: 200px;
    height: 200px;
    background-color: #FF0000;
    transition: 0.3s;               /* 设置变形的效果持续的时长 */
    position: relative;
    opacity: 0.5;
```

```
    }
    .rotate:hover {
        transform: rotate(45deg);          /* 设置鼠标移动到红色方块上，红色方块顺时针旋转 45° */
    }
```

2) 平移 (translate)

translate() 函数能够重新定位元素的坐标，该函数包含两个参数值，分别定义 X 轴坐标和 Y 轴坐标，如图 11-1-5 所示，改变红色 (深色) 盒子的 X 轴和 Y 轴位移。

图 11-1-5

translate() 函数的用法如下：

```
transform: translate(x,y);
```

其中，参数表示移动距离，取值可以是 px、em、百分比等。

CSS 代码如下：

```
    .translate:hover {
        transform: translate(50px,50px); /* 设置鼠标移动到红色方块上，红色方块向右，向下分别
                                             平移 50 像素的位置 */
    }
```

3) 缩放 (scale)

scale() 函数能够缩放元素大小。该函数包含两个参数值，分别用来定义宽和高缩放比例，如图 11-1-6 所示，改变红色 (深色) 盒子的宽高比例。

scale() 函数的用法如下：

```
transform: scale(x,y);
```

这里的参数表示缩放倍数。缩放基数为 1，如果其值大于 1 元素就放大，反之其值小于 1 元素就缩小。取值也可为负数，负数值不会缩小元素，而是翻转元素，然后再缩放。如果省略第二个参数，则第二个参数值等同于第一个参数。

图 11-1-6

CSS 代码如下：

```
.scalc:hover {
    transform: scale(1.5,0.5);    /* 设置鼠标移动到红色方块上，红色方块水平放大 1.5 倍，垂直
                                      缩小 0.5 倍 */
}
```

4) 切变 (skew)

skew() 函数能够让元素倾斜显示。该函数包含两个参数，分别用来定义 X 轴和 Y 轴坐标倾斜的角度，使对象产生一定程度的变形效果，如图 11-1-7 所示。

图 11-1-7

skew() 函数的用法如下：

```
transform: skew(xdeg,ydeg)
```

如果省略第二个参数，则第二个参数默认值为 0。

CSS 代码如下：

```
.skew:hover {
    transform: skew(-10deg,-10deg);    /* 设置鼠标移动到红色方块上，红色方块绕 X 轴倾斜 10°，
                                          绕 Y 轴倾斜 10° */
}
```

5) 元素基点 (transform-origin)

CSS 变形的原点默认为对象的中心点，如果要改变这个中心点，则可以借助 transform-origin() 属性进行定义。

transform-origin() 属性的用法如下：

```
transform-origin(x,y)
```

transform-origin 用来设置元素的基点 (参考点)，默认点是元素的中心点。其参数 x、y 的值可以是百分比、em、px，其中 x 也可以是 left、center、right，y 也可以是 top、center、bottom，这点和 background-position 一样。

分别修改旋转案例的元素基点，如图 11-1-8 和图 11-1-9 所示。

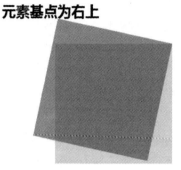

图 11-1-8　　　　　　　　　　　　　　　　图 11-1-9

CSS 代码如下：

```
.to-right-top {
    transform-origin: top right;          /* 红色方块的旋转基点为方块的右上角 */
}
.to-left-bottom{transform-origin: left bottom;}   /* 红色方块的旋转基点为方块的左下角 */
```

三、案例实现

1. 设计风车旋转

布局代码如下：

```
<div class="mr-cont">
    <!-- 风车 -->
    <img src="img/pic1.png" alt="" class="go">
    <img src="img/bar.png" alt="" class="bar">
    <!-- 提示文字 -->
    <p class="line1">When you move the mouse to the windill ,it will begin to turn.</p>
    <p class="line2">And when you movet the mouse outof the windill,it will
        stoprunning</p>
</div>
```

CSS 代码如下：

```
/*css document*/
.mr-cont{
    height:500px;
    width:800px;
    margin: 0 auto;
    position: relative;
    background: url(../img/bg.jpg)
}
```

```css
/* 设置风车样式 */
.go{
    position: absolute;
    top:80px;
    left: 120px;
    height: 200px;
    z-index: 50;
}
/* 风车把手 */
.bar{
    position: absolute;
    top:220px;
    left: 180px;
    z-index: 0;
    transform:rotate(29deg);
}
/* 提示文字 */
p{
    font-size: 24px;
    font-weight: bold;
    width: 300px;
    line-height: 40px;
    color:#9acd32;
}
/* 当鼠标滑过风车时，风车转动 */
.go:hover  {
    transform:rotate(1080deg);
    transition:2s all ease-out;
    transform-origin:50% 49%;
}
```

2. 设计礼品盒子

布局代码如下：

```html
<body>
    <div class="cube"><!-- 盒子包裹框 -->
        <div class="topFace"><!-- 顶面 -->
            <div>
                <img src="img/top.jpg">
            </div>
        </div>
        <div class="leftFace"><!-- 左侧面 -->
            <div>
                <img src="img/left.jpg">
            </div>
```

```
            </div>
            <div class="rightFace"><!-- 右侧面 -->
                <div>
                    <img src="img/right.jpg">
                </div>
            </div>
        </div>
    </body>
```

CSS 代码如下：

```
<style type="text/css">
    /* 外盒包裹框 */
    .cube {
        top: 200px;
        left: 50%;
        margin-left: -200px;
        position: absolute;
    }
    /* 定义所有图片大小 */
    .cube img {
        width: 180px;
        height: 180px;
    }
    /* 盒子 3 个面绝对定位 */
    .leftFace,
    .rightFace,
    .topFace {
        position: absolute;
    }
    /* 左侧面变形 */
    .leftFace {
        transform: skew(0deg, 30deg);
    }
    /* 右侧面变形 */
    .rightFace {
        transform: skew(0deg, -30deg);
        left: 180px;
    }
    /* 顶面图片变形放大 */
    .topFace div {
        transform: skew(0deg, -30deg)scale(1, 1.16)
    }
    /* 顶面旋转后定位 */
    .topFace {
```

```
            transform: rotate(60deg);
            top: -142px;
            left: 89px;
        }
    </style>
```

11.2 CSS中的动画与特效——transition

CSS3 提供了用于实现过渡效果的 transition 属性，该属性可以控制 HTML5 标签的某个属性发生改变时所经历的时间，并且以平滑渐变的方式发生改变，从而形成动画效果。

CSS 中的动画与
特效——transition

一、案例导入

红色是中华民族最喜爱的颜色，甚至成为中国人的文化图腾和精神皈依，代表着喜庆、热闹与祥和。中国人近代以来的历史就是一部红色的历史，承载了国人太多红色的记忆。因此，本节第一个案例选用红色渲染方格，完成缓动函数的设计。而夜空探索一直象征着人们征服世界、征服宇宙的恒心，本节第二个案例将由此展开夜空光球的设计。

1. 显示缓动函数 (transition-timing-function) 运行效果

本案例设计 5 个盒子，分别采用 transition-timing-function 函数的 5 种取值，来演示 5 种用于定义元素过渡属性随时间变化的过渡速度变化效果，效果如图 11-2-1 所示。

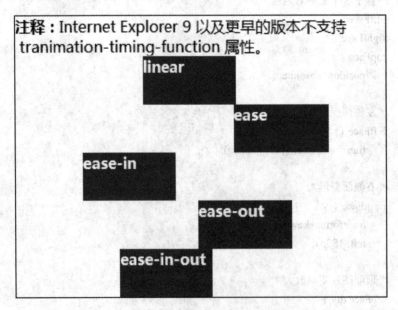

图 11-2-1

具体设计如下：

(1) 设计一个大容器盒子 div，其内放置 5 个小容器盒子。

(2) 设置 5 个小盒子的样式与定位。

(3) 为 5 个小盒子设置不同的 transition-timing-function 函数取值。

(4) 当鼠标悬浮在容器盒子上时，5 个小盒子呈现不同的运动方式。

2. 夜空光球

夜晚，星空，自古以来都是文人墨客经久不衰的吟诵素材，也是人类遐想和探索的发源之处。所谓夜空，意为布满星光的夜晚天空。在网上搜索"夜空"，有沙汀《困兽记》十八写道："仿佛他们的心思，全被灿烂的星空吸引住了。"有杨朔《潼关之夜》写道："潼关的城墙和城楼衬映在星空之下，画出深黑色的轮廓。"还有冰心《走进人民大会堂》写道："走进万人大礼堂……好像凝立在夏夜的星空之下。"那么网页中的星空光球要如何设计呢？

本案例设计在夜空背景中放置 3 个光球，当鼠标移动到夜空中的光球上时，光球会再分离出两个不同的光球，同时夜空背景在一定的间隔时间内会产生切换效果，效果如图 11-2-2 所示。

图 11-2-2

具体设计如下：

(1) 设计一个大容器盒子 div，将背景图片放置在盒子内，同时放置一个小盒子，包裹 3 张光球图片。

(2) 定义背景图片和小光球图片的样式。

(3) 为小光球图片设置绝对定位，定义光球 transform() 的 translate 属性，产生 hover 触发的位移效果。

(4) 对盒子对象中的背景图片设置浮动效果，使用 overflow: hidden 将盒子外的图片隐藏，定义盒子 transform() 的 translate 属性，产生 hover 触发的位移效果。

(5) 使用 transition() 控制以上效果的时长和渐变方式。

二、知识点导入

1. 基本语法

transition 用来描述如何让 CSS 属性值在一段时间内平滑地从一个值过渡到另一个值。这种过渡效果可以在鼠标点击、获得焦点、被点击或对元素任何改变中触发。其基本语法如下：

transition: property duration timing-function delay;

其中：

- property：选择执行过渡效果的属性。
- duration：指定完成过渡需要的时间。
- timing-function：在延续时间段过渡变换的速率变化，简单理解就是指定过渡函数或缓动函数。
- delay：过渡延迟时间。

2. 基础案例操作

案例内容：盒子对象的原始宽度为 100 像素 (见图 11-2-3)，触发效果盒子宽度增加到 200 像素 (见图 11-2-4)。

图 11-2-3

图 11-2-4

1) 触发实现

一般地，过渡 transition 的触发有三种方式，分别是伪类触发、媒体查询触发和 JavaScript 触发。其中常用的伪类触发包括 ": hover"": focus"": active" 等。下面的代码列举的就是伪类触发。

布局代码如下：

```
<div class="box enlarge">
</div>
```

CSS 代码如下：

```
.box {
    width: 100px;
    height: 100px;
    background-color: #FF0000;
    margin: 20px;
```

```
        text-align: center;
    }
    /* 1、hover 触发实现，鼠标悬浮在对象上 */
    .cnlarge:hover {
        width: 200px;
    }
    /* 2、active 触发实现，点击时按住鼠标不放 */
    .enlarge: active
        width: 200px;
    }
    /* 3、focus 触发实现，单击鼠标不放，这里 focus 指能获取焦点的对象，如表单对象等 */
    .enlarge: focus
        width: 200px;
    }
```

2) 增加过渡时间

增加过渡时间的语法如下：

> transition-duration: 过渡持续时间 (单位为 s 或者 ms)

增加过渡时间是必需定义的属性，且值不能为 0，过渡时间为 0 则无法看到过渡的过程，直接显示结果。

设置动画过渡时间为 3 秒，则盒子宽度的变化将在 3 秒的时间完成，所以我们将看到盒子缓慢变大，效果如图 11-2-5 所示。这里用到的就是 transition 属性，它可以实现属性值平滑过渡，在视觉上产生动画效果。

图 11-2-5

布局代码如下：

> <div class="box enlarge duration">

CSS 代码如下：

```
.duration {
    transition: 3s;            /* 设置过渡时长为 3s*/
}
```

3) 增加延迟时间

增加延迟时间的语法如下：

> transition-delay: 过渡延迟时间 (单位为 s 或者 ms)

增加延迟时间为非必需属性，不设置此属性表示动画立即触发，设置此属性表示动画延迟触发。当使用 transition 复合属性定义时，如定义内容中出现两个时间值，则第一个是持续时间，第二个是延迟时间，如图 11-2-6 所示。

延迟2s处罚

图 11-2-6

布局代码如下：

```
<div class="box enlarge duration dclay">
            延迟 2s 触发
</div>
```

CSS 代码如下：

```
/* 延迟时间 */
.delay {
    transition-delay: 2s;              /* 设置动画过渡效果延迟 2s 播放 */
}
```

4) 增加多属性变化

增加多属性变化的语法如下：

```
transition-property: 过渡属性 ( 默认值为 all)
```

增加多属性变化是非必需设置的属性，不设置此属性则默认所有属性变化均使用同一种过渡效果，设置过渡属性则可以指定动画效果适用于某一特定属性。当然也可以同时为多个属性指定不同的过渡效果，如此例我们让对象在移动的过程中产生变色的效果，如图11-2-7 所示。

(大红色)

(枣红色)

(蓝色)

图 11-2-7

布局代码如下：

```
<div class="box move-and-color">
```

CSS 代码如下：

```
/* 对象移动并变色 */
.move-and-color {
    position: relative;
    left: 40px;                                      /* 定义盒子的初始位置 */
    transition-property: left, background-color;     /* 定义盒子的位置和背景色为动画属性 */
    transition-duration: 3s;                         /* 定义过渡时长为 3 s*/
}
.move-and-color:active {                             /* 定义盒子单击时，盒子位置和背景颜
                                                        色的改变 */

    left: 350px;
    background-color: #00008B;
}
```

5) 增加过渡效果

增加过渡效果的语法如下：

> transition-timing-function(): 函数名 (默认值为 ease 函数)

增加过渡效果也是非必需设置的属性，函数取值为过渡函数。不设置此属性则表示默认用 ease 函数的效果完成整个动画，设置此属性则可以定义元素过渡属性随时间变化而产生的速度变化。函数名与其对应的变化效果如表 11-2-1 所示。

表 11-2-1　函数名与其对应的变化效果

函数名	描　　述
linear	规定以相同速度开始至结束的过渡效果 (等于 cubic-bezier(0,0,1,1))
ease	规定慢速开始，然后变快，然后慢速结束的过渡效果 (等于 cubic-bezier (0.25,0.1,0.25,1))
ease-in	规定以慢速开始的过渡效果 (等于 cubic-bezier(0.42,0,1,1))
ease-out	规定以慢速结束的过渡效果 (等于 cubic-bezier(0,0,0.58,1))
ease-in-out	规定以慢速开始和结束的过渡效果 (等于 cubic-bezier(0.42,0,0.58,1))
cubic-bezier(n,n,n,n)	在 cubic-bezier 函数中定义自己的值，可能的值是 0 ～ 1 之间的数值

在过渡效果定义的过程中，默认为 ease 效果，如增加 transition-timing-function() 函数取值，则过渡效果会产生变化，具体变化情况如表 11-2-1 所示。

三、案例实现

1. 显示缓动函数运行效果

布局代码如下：

```
<div id="example">
        <p><strong> 注释：</strong>Internet Explorer 9 以及更早的版本不支持 animation-
    timing-function 属性。</p>
```

```
        <div id="div1" class="move">linear</div>
        <div id="div2" class="move">ease</div>
        <div id="div3" class="move">ease-in</div>
        <div id="div4" class="move">ease-out</div>
        <div id="div5" class="move">ease-in-out</div>
    </div>
```

CSS 代码如下：

```
/* 缓动函数样式 */
#example:hover .move {
    left: 350px;
}
#example #div1 {
    transition: 5s linear;
}
#example #div2 {
    transition: 5s ease;
}
#example #div3 {
    transition: 5s ease-in;
}
#example #div4 {
    transition: 5s ease-out;
}
#example #div5 {
    transition: 5s ease-in-out;
}
```

2. 夜空光球

布局代码如下：

```
<body>
    <div id="wrapper">
        <div id="box">
            <img src="images/night.jpg" class="pics">
            <img src="images/night1.jpg" class="pics2">
            <img src="images/night2.jpg" class="pics3">
            <div id="pic">
                <img src="images/flower1.jpg" class="pic1">
                <img src="images/flower2.jpg" class="pic2">
                <img src="images/flower3.jpg" class="pic3">
            </div>
        </div>
    </div>
</body>
```

CSS 代码如下：

```
<style type="text/css">
    /* 清除页面边距 */
    * {
        margin: 0;
        padding: 0;
    }
    /* 定义外框样式，宽度仅显示一张图片，溢出图片隐藏 */
    #wrapper {
        margin: 40px auto;
        width: 600px;
        height: 400px;
        overflow: hidden;
    }
    /* 定义放置背景图片框样式，宽度可并排放置 3 张图片 */
    #box {
        width: 1900px;
        height: 400px;
        position: relative;
    }
    /* 定义背景图片格式 */
    #box img {
        width: 600px;
        height: 400px;
        float: left;
    }
    /* 定义光球图片样式及动画过渡效果 */
    #pic img {

        position: absolute;
        width: 100px;
        height: 100px;
        border-radius: 50px;
        left: 250px;
        top: 100px;
        width: 100px;
        transition: 3s;
    }
    /* 定义光球图片的叠放次序 */
    .pic1 {
        z-index: 1;
    }
    /* 定义光球图片的触发位移效果 */
```

```
#pic:hover .pic2 {
    transform: translate(200px);
}
/* 定义光球图片的触发位移效果 */
#pic:hover .pic3 {
    transform: translate(-200px);
}
/* 定义背景图片的触发位移效果 */
#box:hover .pics2 {
    transform: translate(-600px);
}
/* 定义背景图片的触发位移效果 */
#box:hover .pics3 {
    transform: translate(-1200px);
}
/* 定义光球图片的过渡效果 */
.pics2 {
    transition: transform 2s 3s;
}
/* 定义背景图片的过渡效果 */
.pics3 {
    transition: transform 2s 9s
}
</style>
```

触发效果如图 11-2-8 所示。

图 11-2-8

11.3　CSS 中的动画与特效——animation

transform 可以实现图片变形；transition 可以实现属性的平滑过渡；animation 意思是动画、动漫，这个属性才和真正意义的一帧一帧的动画相关。本节介绍 animation 属性。

CSS 中的动画与
特效——animation

一、案例导入

在几何图形中，圆形是一种既漂亮又耐看的图形，圆形元素也广泛地应用在网页设计上，与其他元素合作时，适当地使用圆形往往会达到意想不到的效果。下面将介绍两种圆形小球的案例设计。

1. 循规蹈矩的"小球运动"

本案例设计一个盒子外框，其内包含一个小球，页面加载完毕，小球即可自动在框内循环滚动，效果如图 11-3-1 所示。

图 11-3-1

具体设计如下：

(1) 定义盒子外框，设置边框线，相对定位。

(2) 定义盒子内小球，设置背景色，绝对定位在框体左上角。

(3) 设定小球停留的位置分别为包裹框的 4 个角，将 4 个角的位移定义为 4 个关键帧，在 animation 属性中定义相应的动画效果。

2. 活泼调皮的"波浪小球"

本案例设计一个包裹框，其内包含 5 个小球，页面加载完毕，小球即可自动在框内上下跳动，效果如图 11-3-2 所示。

图 11-3-2

具体设计如下：

(1) 定义包裹框样式，放置 5 个小球，调整包裹框位置，使得小球居中显示。

(2) 分别定义 5 个小球样式，设置小球的动画属性、持续时长、播放次数等，将小球绝对定位，放置在包裹框中排成一排，间隔 20 像素。

(3) 定义小球动画的关键帧样式，在垂直方向上下移动，并定义透明度，使得小球跳动的变化更为立体。

(4) 对每个小球的动画设置一个动画的延迟时长，设置小球跳动的动画依次进行。

二、知识点导入

1. 基本语法

animation 属性与 transition 功能相似，都是通过改变元素的属性值来实现动画效果的。二者的区别在于，使用 transition 只能通过制定属性的开始值与结束值，然后在这两者之间进行平滑过渡的方式来产生动画效果，而 animation 则通过定义多个关键帧以及定义每个关键帧中元素的属性值来实现更为复杂的动画效果。

animation 的基本语法格式如下：

animation: name duration timing-function delay iteration-count direction;

animation 有六个属性值，其作用如表 11-3-1 所示。

表 11-3-1　animation 的属性值及其作用

值	作　用
animation-name	规定需要绑定到选择器的 keyframes 名称
animation-duration	规定完成动画所花费的时间，以秒或毫秒计
animation-timing-function	规定动画的速度曲线
animation-delay	规定在动画开始之前的延迟
animation-iteration-count	规定动画应该播放的次数
animation-direction	规定是否应该轮流反向播放动画

keyframes 的意思是关键帧，在关键帧会改变元素属性的计算值，具体描述见表 11-3-2。

表 11-3-2　keyframes 的语法说明

值	描　述
animation name	必需，定义动画的名称
keyframes-selector	必需，动画时长的百分比，合法的值为 0% ～ 100%，两个关键字为 from(与 0% 相同) 和 to(与 100% 相同)
css-styles	必需，一个或多个合法的 CSS 样式属性

keyframes 的语法如下：

@keyframes animation name {keyframes-selector {css-styles;}}

可见 keyframes 的写法是这样的：由 @keyframes 开头，后面紧跟这个动画的名称加上一对花括号 {}，括号中是一些不同时间段的样式规则，规则写法同 CSS 样式。

一个 @keyframes 中的样式规则是由多个百分比构成的，如 0% ～ 100% 之间，可以在一个规则中创建多个百分比，分别在每一个百分比中给需要有动画效果的元素加上不同的属性，从而让元素达到一种不断变化的效果，比如说移动、改变元素颜色、位置、大小、形状等。

两个关键字，from 和 to 表示一个动画从哪开始，到哪结束，也就是 from 相当于 0%，而 to 相当于 100%。

注意：0% 中的 % 不能省略，省略则整个 keyframes 语法错误，整条规则无效，因为 keyframes 的单位只接受百分比值。

2. 基础案例操作

案例内容：通过 animation 和 @keyframes 定义图片对象的位移方式，需要将左侧图片对象向右移 200 像素 (见图 11-3-3)。

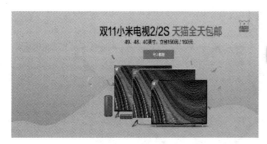

图 11-3-3

1) @keyframe 属性

@keyframe 关键帧定义图片对象属性值，即在整个动画过程中对象需要呈现的变化内容。在此例中如果仅仅是位置的改变，则可以如下方式定义关键帧。

布局代码如下：

```
<div id="wrapper">
<img src="11.jpg" class="img200-400 animove">
</div>
```

CSS 代码如下：

```
.img200-400 {
    width: 400px;
```

```
        height: 200px;
    }
    @keyframes newmove{              /* 关键帧定义，newmove 为定义的关键帧名 */
        from {
            transform: translateX(0px);
        }

        to {
            transform: translateX(200px);
        }
    }
```

这里的关键帧只定义了两个点，即起点 from 和终点 to，那么图片就是一个平移的动画。如果修改如下关键帧的定义方式，则图片的位移方式如图 11-3-4 所示。

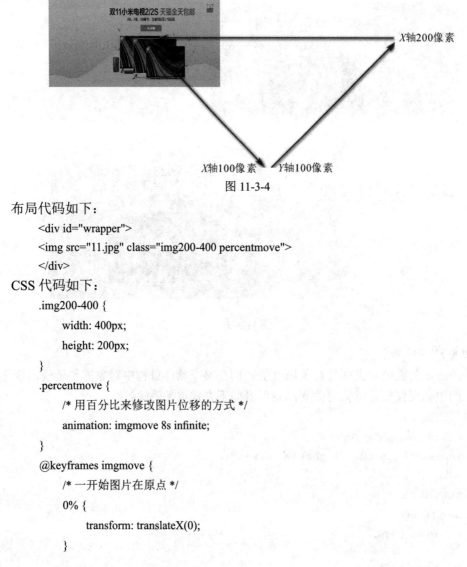

图 11-3-4

布局代码如下：

```
    <div id="wrapper">
    <img src="11.jpg" class="img200-400 percentmove">
    </div>
```

CSS 代码如下：

```
    .img200-400 {
        width: 400px;
        height: 200px;
    }
    .percentmove {
        /* 用百分比来修改图片位移的方式 */
        animation: imgmove 8s infinite;
    }
    @keyframes imgmove {
        /* 一开始图片在原点 */
        0% {
            transform: translateX(0);
        }
```

```
    /* 30% 的时候图片位置 X 轴移动 100 像素，Y 轴移动 100 像素 */
    30% {
        transform: translate(100px, 100px)
    }
    /* 60% 的时候图片移动到 X 轴 200 像素位置 */
    60% {
        transform: translateX(200px);
    }
    /* 100% 的时候图片回到原点 */
    100% {
        transform: translateX(0);
    }
}
```

2）animation-name 属性

要让画面动起来，光有关键帧还不够，还得要定义 animation 属性，即变化的方式。animation 属性定义的第一个值即为 animation-name，表示指定的动画名或者调用的关键帧的名字。

CSS 代码如下：

```
.animove {
    /* 使用 animation 动画来定义图片的位移 */
    animation: newmove 8s infinite;
    /* 此例中 newmove 即为 animation-name，也是动画需要调用的关键帧名 */
}
```

3）animation-duration

animation-duration 用来规定完成动画所花费的时间，这个不能省略，否则时长为 0，就不会播放动画了。

CSS 代码如下：

```
.animove {
    /* 使用 animation 动画来定义图片的位移 */
    animation: newmove 8s infinite;
    /* 此例中 8s 即为 animation-duration，也是动画持续的时长 */
}
```

4）animation-iteration-count

animation-iteration-count 用来设置动画应该播放的次数，默认是 1 次，可以设置数字或者 infinite。

CSS 代码如下：

```
.animove {
    /* 使用 animation 动画来定义图片的位移 */
    animation: newmove 8s infinite;
    /* 此例中 infinite 即为 animation-iteration-count，也是动画播放的次数 */
```

```
}
```

5）animation-delay

animation-delay 表示延迟多长时间开始动画，这个效果与 transition 一致。

6）animation-direction

animation-direction 用于设置动画播放方向。其取值有如下三种：

（1）normal：默认值，每个循环动画向前播放，换言之，每个动画循环结束，动画重置到起点重新开始。

（2）alternate：奇数按顺序播放各帧动画，偶数按逆序播放各帧动画。

（3）reverse：逆序播放各帧动画。

布局代码如下：

```
<img src="11.jpg" class="img200-400 altmove">
```

CSS 代码如下：

```
.altmove {
    animation: imgmove 5s infinite alternate-reverse;
}
```

三、案例实现

1. 循规蹈矩的"小球运动"

布局代码如下：

```
<!-- 布局代码 -->
    <body>
        <div id="ball">
            <span></span>
        </div>
    </body>
```

CSS 代码如下：

```
<!-- CSS 样式 -->
<style type="text/css">
    /* 外框样式定义 */
    #ball {
        width: 200px;
        height: 200px;
        border: 1px solid red;
        margin: 20px auto;
    }
    /* 小球样式定义 */
    #ball span {
        display: inline-block;
        width: 20px;
        height: 20px;
        background: #000000;;
```

```
                border-radius: 100%;
                animation:  around 8s 1s infinite, color 5s infinite;
                /* 定义两种动画 around 和 color 的播放形式 */
                animation-timing-function: linear;
                /* 定义动画播放方式为线性 */
            }

        @keyframes color {
                /* 颜色变化从黑到红 */
                from {
                    background-color: #000000;
                }

                to {
                    background-color: #FF0000;
                }
            }
        /* 小球位置变化从框左上角的点沿框行走最终绕回原点 */
        @keyframes around {
                /* 原点位置 */
                0% {
                    transform: translateX(0);
                }
                /* 右上角位置 */
                25% {
                    transform: translateX(180px);
                }
                /* 右下角位置 */
                50% {
                    transform: translate(180px, 180px);
                }
                /* 左下角位置 */
                75% {
                    transform: translateY(180px);
                }
                /* 返回原点 */
                100% {
                    transform: translateY(0px);
                }
            }
        }
    </style>
```

2. 活泼调皮的"波浪小球"

布局代码如下：

```
<!-- 布局代码 -->
<body style="background: #c1d64a;">
    <div id="wrapper">
        <span></span>
        <span></span>
        <span></span>
        <span></span>
        <span></span>
    </div>
</body>
```

CSS 代码如下：

```
<!-- CSS 样式定义 -->
<style type="text/css">
    /* 外框样式 */
    #wrapper {
        width: 100px;
        margin: 30% auto;
        position: relative;
    }
    /* 小球样式 */
    #wrapper span {
        position: absolute;
        width: 16px;
        height: 16px;
        border-radius: 50%;
        background: #fff;
        animation: ball 1s infinite linear;          /* 小球动画播放方式定义 */
    }
    /* 第一个小球的位置及延迟播放时长 */
    #wrapper span:nth-child(1) {
        left: 0;
        animation-delay: 0s;
    }
    /* 第二个小球的位置及延迟播放时长 */
    #wrapper span:nth-child(2) {
        left: 20px;
        animation-delay: 0.25s;
    }
    /* 第三个小球的位置及延迟播放时长 */
    #wrapper span:nth-child(3) {
        left: 40px;
```

```
            animation-delay: 0.5s;
        }
        /* 第四个小球的位置及延迟播放时长 */
        #wrapper span:nth-child(4) {
            left: 60px;
            animation-delay: 0.75s;
        }
        /* 第五个小球的位置及延迟播放时长 */
        #wrapper span:nth-child(5) {
            left: 80px;
            animation-delay: 1.0s;
        }
        /* 小球动画的关键帧定义 */
        @keyframes ball {
            0% {
                transform: translateY(0px);          /* 小球返回原点 */
                opacity: 0.5;                        /* 定义小球透明度为 0.5 */
            }

            50% {
                transform: translateY(-30px);        /* 小球下移 30 像素 */
                opacity: 1.0;                        /* 定义小球不透明 */
            }

            100% {
                transform: translateY(0px);          /* 小球返回原点 */
                opacity: 0.5;                        /* 定义小球透明度为 0.5 */
            }
        }
    </style>
```

11.4 案例实战——纯CSS实现轮播图效果

轮播图是近几年在各大电商网站中屡见不鲜的一种网页布局,大部分轮播图的设计都需要借助 JavaScript 来实现。本案例将使用前面介绍过的 translate 和 animation 功能完成纯 CSS 设计的轮播图效果。

纯 CSS 实现
轮播图效果

一、设计要求

根据给定的 5 张素材图片,设计在规定的时间内让 5 张图片在显示框中依次出现,如图 11-4-1 所示。

图 11-4-1

二、设计分析

(1) 调整图片格式，大小一致。

(2) 将图片横排放在一个图片容器里面。

(3) 在图片容器外再加一个展示容器，展示容器大小为单张图片大小。

(4) 对图片设置位移动画，位移量为单张图片的宽度值，布局参考图 11-4-2。

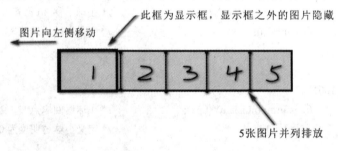

图 11-4-2

三、设计实现

完整代码如下：

```html
<!-- 布局代码 -->
<body>
    <div id="displayer">
        <div id="wrapper">
            <img src="images/01.jpg">
            <img src="images/02.jpg">
            <img src="images/03.jpg">
            <img src="images/04.jpg">
            <img src="images/05.jpg">
        </div>
    </div>
```

```
        </body>
<style type="text/css">
        /* 去除页面间距 */
        * {
            margin: 0;
            padding: 0;
        }
        /* 设置图片包裹框 */
        #wrapper {
            width: 4000px;
            height: 400px;
        }
        /* 设置图片显示框 */
        #displayer {
            width: 800px;
            height: 400px;
            overflow: hidden;                   /* 溢出图片对象隐藏 */
            margin: 20px auto;
        }
        /* 定义图片格式 */
        img {
            width: 800px;
            height: 400px;
            float: left;
            animation: imgmove 12s  ease-out infinite;
        }
        /* 定义图片位移动画，每次位移 1 张图片的宽度即 800 像素 */
        @keyframes imgmove {
            20% {
                transform: translateX(0);
            }

            40% {
                transform: translateX(-800px);
            }

            60% {
                transform: translateX(-1600px);
            }

            80% {
                transform: translateX(-2400px);
            }
```

```
            100% {
                transform: translateX(-3200px);
            }

        }
    </style>
```

第12章 网站页面综合设计实训

本章将仿照小米官网的首页做一个整体网站页面的综合设计，按照页面的布局分区块完成相应的设计内容。

本章要点

◎ 掌握常用的网页分析布局方式；
◎ 掌握常见的网页基本设计流程；
◎ 灵活运用所学知识点，完成网站页面的设计内容。

实战案例——仿小米官网首页设计

在各大电商平台首页的设计中，常会将页面分拆成一个个模块，做好之后再拼合成整个页面，使首页看起来层次分明、架构清晰。首页布局就是有目的地展示一些商品，让顾客能够快速地找到商品，并完成电商形象传递和营销的目的。

小米官网布局

小米科技有限责任公司成立于 2010 年 3 月 3 日，是一家专注于智能硬件和电子产品研发的全球化移动互联网企业，同时也是一家专注于高端智能手机、互联网电视及智能家居生态链建设的创新型科技企业。该公司首创了用互联网模式开发手机操作系统、发烧友参与开发改进的模式，致力于应用互联网开发模式开发产品，用极客精神做产品，用互联网模式干掉中间环节，让全球每个人都能享用来自中国的优质科技产品。在这里我们选用小米官网的首页作为本章节案例的设计，从网页布局的角度将首页划分为导航区、菜单区、轮播区、浮动购物栏、商品图展示区及底部网站信息区等几个部分，效果如图 12-1-1 所示。

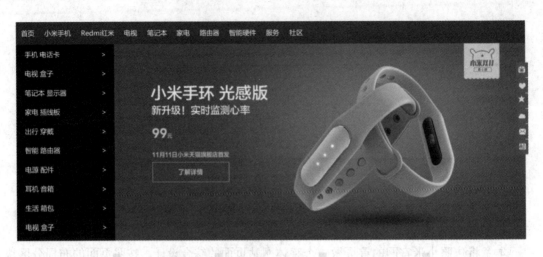

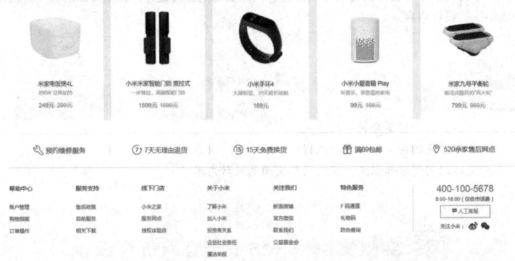

图 12-1-1

一、设计要求

根据给定的素材内容，仿照效果图，进行小米官网首页的设计。

二、设计分析

(1) 整理设计思路，将网页布局用色块划分，后期设计按区块填充。

(2) 采用无序列表布局设计导航区，通过子元素选择器设计鼠标移动到列表项显示商品框内容。

(3) 采用无序列表布局设计菜单区，子菜单内容设计同 (2)。

(4) 布局轮播区图片位置，使用 JavaScript 代码实现点击按钮轮播图片的效果。

(5) 采用精灵图设计网页中浮动购物车导航栏。

(6) 使用弹性盒子实现商品区商品图片展示及补充底部网站信息栏。

三、设计实现

1. 实现网页基本布局

布局代码如下：

```
<!DOCTYPE html>
<html>
    <head>
        <meta charset="utf-8">
        <title></title>
        <link rel="stylesheet" type="text/css" href=" 传统布局 .css" />
    </head>
    <body>
        <div id="wrapper">
            <!-- 外层包裹框 -->
            <nav>
                <!-- 头部 -->
                NAV
            </nav><!-- 导航 -->
            <header>
                <menu>
                    menu
                </menu><!-- 菜单 -->
                <div id="movingpic">
                    <!-- 图片轮播区 -->
                    movingpic
                </div>
            </header>
            <div id="obj">obj</div><!-- 商品区 -->
            <footer>footer</footer><!-- 联系区 -->
        </div>
    </body>
</html>
```

CSS 代码如下：

```
* {
    margin: 0;
    padding: 0;
    font-size: 20px;
    text-align: center;
}

/* 网页基本布局 */
#wrapper {
```

```
        width: 1338px;
        background-color: #ADFF2F;
        margin: auto;
}

nav {
        width: 100%;
        height: 54px;
        background: rgb(64 65 68);
        margin: 0 auto;
        position: relative;
}

menu {
        width: 256px;
        height: 504px;
        background-color: pink;
        float: left;
        position: relative;
}

#movingpic {
        width: 1080px;
        height: 504px;
        background-color: #8A2BE2;
        float: left;
}

#obj {
        width: 100%;
        height: 369px;
        background-color: aquamarine;
        clear: left;
}

footer {
        width: 100%;
        height: 343px;
        background-color: #DB7093;
}
```

布局完成，效果如图 12-1-2 所示。

图 12-1-2

2. 实现导航区设计

布局代码如下：

```
<!-- 外层包裹框 -->
    <nav>
        <!-- 头部 -->
        <ul>
            <li><a href="#"> 首页 </a></li>
            <li><a href="#"> 小米手机
                <div class="xs">
                    <div class="xiao"></div>
                    <img src="img/4.jpg" />
                </div>
            </a></li>
            <li><a href="#">Redmi 红米 </a></li>
            <li><a href="#"> 电视 </a></li>
            <li><a href="#"> 笔记本
                <div class="xs">
                    <div class="xiao"></div>
                    <img src="img/4.jpg" />
                </div>
            </a></li>
            <li><a href="#"> 家电 </a></li>
```

```
                <li><a href="#"> 路由器 </a></li>
                <li><a href="#"> 智能硬件
                <li><a href="#"> 服务 </a></li>
                <li><a href="#"> 社区 </a></li>
        </ul>
    </nav><!-- 导航 -->
```

CSS 代码如下：

```css
/* 导航区 */
nav li {
    list-style: none;
    float: left;
    line-height: 54px;
    padding: 0 12px;


}

nav li a {
    color: #fff;
    font-famliy: " 微软雅黑 ";
    text-decoration: none;
    cursor: pointer;
}

nav li>a:hover {
    color: orange;
}

nav li a .xs {
    position: absolute;
    top: 55px;
    z-index: 600;
    left: 18px;
    display: none;
}

nav li:hover .xs {
    display: block;
}

nav .xs .xiao {
```

```
        border-left: 8px solid transparent;
        border-right: 8px solid transparent;
        border-bottom: 8px solid #fff;
        top: -8px;
        left: 15px;
        position: absolute;
        z-index: 601;
}

nav li:nth-child(1) .xiao {
        left: 15px;
}

nav li:nth-child(2) .xiao {
        left: 86px;
}

nav li:nth-child(3) .xiao {
        left: 158px;
}

nav li:nth-child(4) .xiao {
        left: 228px;
}

nav li:nth-child(5) .xiao {
        left: 303px;
}

nav li:nth-child(6) .xiao {
        left: 377px;
}

nav li:nth-child(7) .xiao {
        left: 449px;
}

nav li:nth-child(8) .xiao {
        left: 521px;
}
```

```
nav li:nth-child(9) .xiao {
    left: 595px;
}

nav li:nth-child(10) .xiao {
    left: 669px;
}
```

布局完成，效果如图 12-1-3 所示。

图 12-1-3

3. 实现菜单区设计

布局代码如下：

```
<header>
    <menu>
        <ul>
            <li><a href="#"> 手机 电话卡 <span>&gt</span></a>
                <div class="secondmenu">
                    <ul>
                        <li><a href="#"><img src="img/minote.jpg"></a>
                            <a href="#"> 大米 NOTE</a>
                            <a href="#" class="rec"> 选购 </a>
                        </li>
                        <li><a href="#"><img src="img/minote.jpg"></a>
                            <a href="#"> 大米 NOTE</a>
                            <a href="#" class="rec"> 选购 </a>
                        </li>
                        <li><a href="#"><img src="img/minote.jpg"></a>
                            <a href="#"> 大米 NOTE</a>
                            <a href="#" class="rec"> 选购 </a>
                        </li>
                    </ul>
                </div>
            </li>
            <li><a href="#"> 电视 盒子 <span>&gt</span></a></li>
            <li><a href="#"> 笔记本 显示器 <span>&gt</span></a></li>
```

```html
<li><a href="#"> 家电 插线板 <span>&gt</span></a></li>
<li><a href="#"> 出行 穿戴 <span>&gt</span></a>
<li><a href="#"> 智能 路由器 <span>&gt</span></a>
        <div class="secondmenu">
            <ul>
                <li><a href="#"><img src="img/minote.jpg"></a>
                    <a href="#"> 大米 NOTE</a>
                        <a href="#" class="rec"> 选购 </a>
                </li>
                <li><a href="#"><img src="img/minote.jpg"></a>
                        <a href="#"> 大米 NOTE</a>
                        <a href="#" class="rec"> 选购 </a>
                </li>
                <li><a href="#"><img src="img/minote.jpg"></a>
                        <a href="#"> 大米 NOTE</a>
                        <a href="#" class="rec"> 选购 </a>
                </li>
            </ul>
        </div>
        </li>
<li><a href="#"> 电源 配件 <span>&gt</span></a></li>
<li><a href="#"> 耳机 音箱 <span>&gt</span></a></li>
<li><a href="#"> 生活 箱包 <span>&gt</span></a></li>
<li><a href="#"> 电视 盒子 <span>&gt</span></a>
        </ul>
    </menu><!-- 菜单 -->
</header>
```

CSS 代码如下：

```css
/* 菜单区 */
menu li {
    list-style: none;
    height: 50px;
    padding-left: 20px;
    line-height: 50px;
}

menu li a {
    text-decoration: none;
    color: white;
    font-family: " 微软雅黑 ";
}
```

```
    menu li span {
        position: absolute;
        right: 20px;
    }

    .secondmenu {
        width: 500px;
        height: 506px;
        background-color: white;
        position: absolute;
        top: 0;
        left: 256px;
        display: none;
    }

    menu li:hover .secondmenu {
        display: block;
    }

    .secondmenu a {
        color: #000000;
        float: left;
    }

    .secondmenu .rec {
        width: 40px;
        height: 20;
        border: 1px solid orangered;
        display: block;
        color: orangered;
        line-height: 20px;
        text-align: center;
        padding: 0 10px;
        margin-left: 40px;
        margin-top: 15px;
    }

    .secondmenu li {
        margin: 20px;
    }
```

布局完成，效果如图 12-1-4 所示。

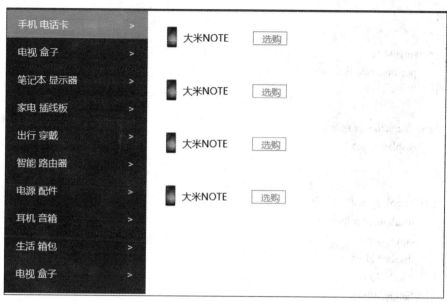

图 12-1-4

4. 实现轮播区设计

布局代码如下：

```
</menu><!-- 菜单 -->
    <div id="movingpic">
        <!-- 图片轮播区 -->
        <span>&lt;</span>
        <span style="right: 40px;">&gt;</span>
        <img src="img/11.jpg" class="on">
        <img src="img/12.jpg">
        <img src="img/13.jpg">
        <img src="img/14.jpg">
        <img src="img/15.jpg">

    </div>
</header>
```

CSS 代码如下：

```
/* 轮播图设计 */
#movingpic img {
    width: 1080px;
    height: 504px;
    display: none;
}

#movingpic .on {
    display: block;
```

```
    }

    #movingpic {
        position: relative;
    }

    #movingpic:hover span {
        display: block
    }

    #movingpic span {
        position: absolute;
        color: white;
        display: block;
        width: 40px;
        height: 40px;
        background-color: gray;
        line-height: 40px;
        text-align: center;
        margin-left: 40px;
        margin-top: 200px;
        opacity: 0.3;
        display: none;
    }

    #movingpic span:hover {
        opacity: 1;
    }
```

JavaScript 代码如下：

```
<script type="text/javascript">
    var img=document.querySelectorAll('#movingpic img'),
    btn=document.querySelectorAll('#movingpic span'),
    index=0,
    len=img.length,
    timer
    box=document.getElementById('movingpic')
    btn[0].onclick=function(){
        img[index].className="
        index--
        if(index<0){
            index=4
        }
        img[index].className='on'
```

```
        }
        btn[1].onclick=function(){
            img[index].className="
            index++
            if(index==len){
                index=0
            }
            img[index].className='on'
        }
        function play(){
            timer=setInterval(function(){
                btn[1].onclick()
            },2000)
        }
        function stop(){
            clearInterval(timer)
        }
        box.onmouseover=stop
        box.onmouseout=play
        play()
    </script>
```

布局完成，效果如图 12-1-5 所示。

图 12-1-5

5. 实现浮动购物车导航栏设计

布局代码如下：

```
<!-- 购物车 -->
<div class="box">
    <ul>
        <li >
            <a href="#"> 小米会员 </a>
```

```html
            <div class="pic1"></div>
        </li>
        <li>
        <a href="#"> 购物车 </a>
            <div class="pic2"></div>
        </li>
        <li >
            <a href="#"> 我的关注 </a>
            <div class="pic3"></div>
        </li>
        <li>
            <a href="#"> 我的足迹 </a>
            <div class="pic4"></div>
        </li>
        <li>
            <a href="#"> 我的消息 </a>
            <div class="pic5"></div>
        </li>
        <li>
            <a href="#"> 资讯中心 </a>
            <div class="pic6"></div>
        </li>
    </ul>
</div>
<!-- 购物车 end-->
```

CSS 代码如下：

```css
/* 购物车 */
.box{
    position:fixed;
    right:0px;
    top:100px;
    }
.box li{
    list-style:none;
    width:30px;
    height:35px;
    position:relative;
    margin-bottom:1px;
    }
.box li div{
    width:30px;
    height:35px;
    background:url(../img/psd8816.png);
```

```
            background-color:#7a6e6e;
            position:absolute;
            }
    .box a{
            width:85px;
            height:35px;
            background:#fc7c19;
            position:absolute;
            color:white;
            line-height:35px;
            right:-95px;
            padding-left:10px;
            text-decoration:nonc;
            transition:1s;
            }
    .box .pic1{background-position:-170px -252px;}
    .box .pic2{background-position:-357px -150px;}
    .box .pic3{background-position:-485px -255px;}
    .box .pic4{background-position:-170px -218px;}
    .box .pic5{background-position:-357px -218px;}
    .box .pic6{background-position:-232px -284px;}
    .box li:hover div{background-color:#fc7c19;}
    li:hover a{right:30px;}
```

布局完成，效果如图 12-1-6 所示。

图 12-1-6

6. 实现商品展示区设计

补充底部网站信息内容，参考代码如下：

```
    <div id="obj">
```

```
        <div>
            <img src="img/21.png">
        </div>
        <div>
            <img src="img/22.png">
        </div>
        <div>
            <img src="img/23.png">
        </div>
        <div>
            <img src="img/24.png">
        </div>
        <div>
            <img src="img/25.png">
        </div>
    </div><!-- 商品区 -->
    <footer></footer><!-- 联系区 -->
```

CSS 代码如下：

```
/* 商品区设计 */
#obj {
    width: 100%;
    background: rgb(245, 245, 245);
    margin: 20px auto;
    display: flex;
    justify-content: space-between;
    flex-wrap: wrap;
    align-content: space-between;
}

#obj div {
    width: 250px;
    height: 290px;
    margin-bottom: 20px;
}

#obj div img {
    width: 100%;
}

#obj div:hover {
    transform: scale(1.1);
}
/* 联系区设计 */
```

footer{background: url(img/ 联系我们 .png) no-repeat;background-size:100% ;}

布局完成，最终显示效果如图 12-1-7 所示。

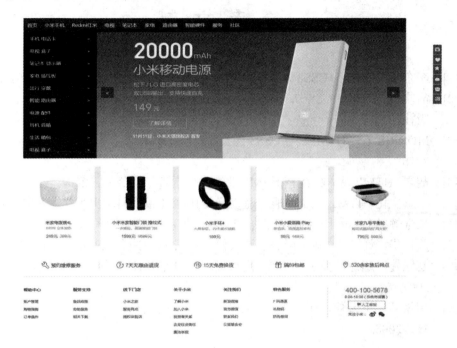

图 12-1-7

参 考 文 献

[1] 李东博. HTML5+CSS3 从入门到精通 [M]. 北京：清华大学出版社，2013.

[2] 胡晓霞. HTML+CSS+JavaScript 网页设计从入门到精通 [M]. 北京：清华大学出版社，2017.

[3] MORRIS T F. HTML5 与 CSS3 网页设计基础 [M]. 2 版. 北京：清华大学出版社，2016.

[4] 胡崧. HTML 从入门到精通 [M]. 北京：中国青年出版社，2007.

[5] 知新文化. HTML 完全手册与速查辞典 [M]. 北京：科学出版社，2007.

[6] 杨选辉. 网页设计与制作教程 [M]. 3 版. 北京：清华大学出版社，2014.

[7] 周德华，许铭霖. 新编网页设计教程 [M]. 北京：冶金工业出版社，2006.

[8] 赵铭建，赵慧，乔孟丽，等. 网页设计与制作 [M]. 东营：中国石油大学出版社，2007.

[9] 赵祖荫，王云翔，胡耀芳. 网页设计与制作教程 [M]. 3 版. 北京：清华大学出版社，2008.